丹江口水库增养殖容量与放养调控技术

殷 战 廖传松 刘家寿 等 编著

科学出版社

北 京

内 容 简 介

随着《关于推进大水面生态渔业发展的指导意见》的正式发布，生态渔业成为我国湖泊和水库等大水面渔业可持续发展的必然选择。实现大水面生态系统健康维护、水质保护、资源利用和水产品供应的融合发展至关重要。丹江口水库是世界上最大的水库之一，具有供水、防洪、发电、灌溉、航运、旅游和增养殖等多重功能，渔业发展必须以保护水质为前提，与其他产业融合发展。本书分析了发展丹江口水库生态渔业的必要性和重要性，概述了流域经济社会状况、库区水环境和水生生物资源，基于水生生物渔产潜力提出了以鱼类增殖为主的生态渔业发展战略和具体方案。

本书的数据资料以项目组对丹江口水库实地调查所积累的资料为主，同时也引用了丹江口水库相关的历史文献资料和有关部门的统计报告。为拓宽本书的使用面，文末附有所涉及资料的参考文献，供读者查阅。本书可供水产增养殖学、水环境科学与水生态学等相关专业大专院校、科研院所从事教学和科研人员参考，也可供渔业生产和环境保护单位的同行参考阅读。

图书在版编目(CIP)数据

丹江口水库增养殖容量与放养调控技术/殷战等编著. —北京：科学出版社, 2021.12

ISBN 978-7-03-070607-2

Ⅰ. ①丹…　Ⅱ. ①殷…　Ⅲ. ①水库养鱼–丹江口　Ⅳ. ①S964.6

中国版本图书馆 CIP 数据核字（2021）第 228835 号

责任编辑：罗　静　付丽娜 / 责任校对：刘　芳
责任印制：吴兆东 / 封面设计：无极书装

科学出版社 出版
北京东黄城根北街 16 号
邮政编码：100717
http://www.sciencep.com

北京虎彩文化传播有限公司 印刷

科学出版社发行　各地新华书店经销

*

2021 年 12 月第　一　版　开本：720 × 1000 1/16
2021 年 12 月第一次印刷　印张：7 1/2
字数：150 000

定价：136.00 元

（如有印装质量问题，我社负责调换）

《丹江口水库增养殖容量与放养调控技术》编著者名单

殷　战　廖传松　刘家寿　刘剑彤　张堂林

胡征宇　王玲玲　叶少文　李　为　王齐东

苑　晶　郭传波　张　华　樊厚瑞　王静雅

袁　婷　张　琪

前言

丹江口水库是一座以供水、防洪、发电为主，兼具灌溉、航运、增养殖、旅游等功能的特大型多年调节型水库，也是南水北调中线工程的水源地。保障丹江口水库水质、维护生态系统健康具有重要的战略意义。丹江口水库 1958 年开工修建，初期工程于 1974 年完工，横跨湖北、河南两省，库区分布于河南省淅川县和湖北省十堰市的丹江口市、郧阳区（曾称郧县）、郧西县、张湾区、茅箭区、武当山特区境内，行政区隶属于两省 7 个县、市、区。为实施南水北调中线工程，2005 年 10 月开始了丹江口大坝主体加高工程，加高后丹江口水库正常蓄水位由原来的 157m 提升到 170m，水库的总面积达到 $1050km^2$，相应库容 $2.905\times10^{10}m^3$，是仅次于三峡水库的巨大人工水体。

丹江口水库地处亚热带，气候温和，多年平均气温 15.9℃。集雨区雨量充沛，集雨面积达 $6890km^2$，多年平均降水量约为 1000mm，多年平均水面蒸发量 860mm，多年平均入库水量为 $4.085\times10^{10}m^3$。库区气候优越，水质清新、理化指标优良，有利于鱼类及各种饵料生物的生长发育，虽因大坝阻隔，一些洄游性和半洄游性鱼类减少或消失，但仍具有较高的生物多样性。

近 20 年来，丹江口水库推行的承包经营管理体制，缺乏长远规划和布局，网箱养鱼无序发展，库湾随意拦网养鱼，饲料、肥料过度使用，跨界水域捕捞管理困难，水域生态功能保护被忽视，库区水质恶化和生物多样性降低的风险增大。随着 2015 年国务院《水污染防治行动计划》的颁布，我国湖泊、水库广泛采用的“三网”（网箱、网拦和网围）养殖受到限制或被迫退出，占淡水养殖总面积近一半的大水面养殖方式面临政策转型。随着 2016 年农业部《关于加快推进渔业转方式调结构的指导意见》、2019 年农业农村部等十部委《关于加快推进水产养殖业绿色发展的若干意见》以及 2020 年农业农村部等三部（局）《关于推进大水面生态渔业发展的指导意见》的发布，大水面生态渔业在全国范围内逐步实施。

本书利用近 10 年承担的科研项目，结合丹江口水库水质、水生生物、鱼类资源的历史资料，在评估各类群水生生物渔产潜力的基础上，提出了基于水质和生物多样性保护的资源可持续利用战略，以期实现大水面由集约化养殖向生态渔业的转型、从资源榨取向资源养护的转型，建立我国大水面渔业资源可持续利用新模式。

本书得到国家水体污染控制与治理专项“南水北调工程水质安全保障关键技术研究与示范”（2012ZX07205002）、国家重点研发计划“蓝色粮仓科技创新”重点专项“湖泊生态增养殖技术与模式”（2019YFD0900600）、国家科技支撑计划课题“长江流域湖泊与库区生态健康养殖技术集成与示范”（2012BAD25B08）、现代农业产业技术体系建设专项资金（CARS-45）、淡水生态与生物技术国家重点实验室基金及明康汇生态农业集团有限公司的资助，也得到十堰市南水北调工程领导小组办公室、原丹江口市水产局、原淅川县水产局和丹江口市南水北调工程领导小组办公室的支持，在此一并致谢。

殷 战 廖传松 刘家寿

2021年3月18日于武汉

目　录

第 1 章

丹江口水库自然经济概况

丹江口水库位于汉江中上游，分布于河南省南阳市淅川县和湖北省十堰市的丹江口市、郧阳区（曾称郧县）、郧西县、张湾区、茅箭区、武当山特区，行政区隶属于两省7个县、市、区，是一座具有供水、防洪、发电、航运、灌溉、增养殖、旅游等功能的特大型水库，也是国家南水北调中线工程水源地、国家一级水源保护区、中国重要的湿地保护区、国家级生态文明示范区（图1-1）。

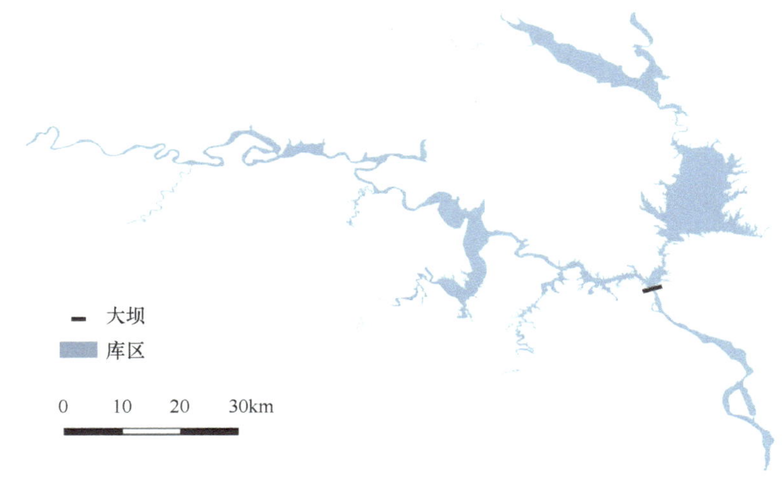

图1-1　丹江口水库示意图

丹江口水库的水源分别由源自陕西省宁强县嶓冢山的汉江、源自陕西省秦岭地区商洛市西北部凤凰山南麓的丹江和源自河南省栾川县小庙岭的淅水组成。丹江口水库最开阔处位于湖北省丹江口市和河南省淅川县交界处，形成长30余千米、宽20余千米的水面，被誉为“小太平洋”。

1.1　丹江口水库工程概况及其重要性

1958年9月1日，丹江口水利枢纽工程举行开工仪式；1968年，丹江口水利枢纽工程第一台15万kW机组投产发电；1969年1月26日，陶岔渠首枢纽工程在河南省邓县九重镇（今属淅川县）陶岔村石盘岗举行开工典礼；1974年，丹江口水利枢纽初期工程全部完成，水库呈“V”字形（图1-1），由汉江库区和丹江库区组成，库容$1.745\times10^{10}m^3$，水库岸线长度约4000km，水库多年平均面积700多平方千米（戴泽贵等，1994）。

为实施南水北调中线工程，2005年9月，丹江口大坝加高工程开工，2012年丹江口大坝加高后继续蓄水，坝顶从初期高程162m加高至176.6m，正常蓄水位由初期工程的157m提高到170m，相应的库容由初期工程的$1.745\times10^{10}m^3$增加

到 $2.905\times10^{10}m^3$，总库容达到 $3.39\times10^{10}m^3$，水库水面面积达到 $1050km^2$（付建军等，2015）。

南水北调工程是把中国长江流域与汉江流域丰盈的水资源抽调一部分送到中国华北和西北地区，从而改变中国南涝北旱和北方地区水资源严重短缺局面的重大战略性工程，目的是促进中国南北经济、社会与人口、资源、环境的协调发展。南水北调工程有东线、中线和西线三条调水线路，总投资额 5000 亿元。此工程的规模和难度都超过三峡工程，工程已全面展开。南水北调工程全部建成以后，每年的调水量相当于一条黄河的水量，可以有效缓解北方地区水资源紧缺状况，对于保障中国粮食安全、恢复和改善生态环境、促进西部大开发具有重大意义。中线工程是从位于长江支流汉江上游的丹江口水库引水，输水总干渠的首闸是河南省南阳市淅川县境内的陶岔渠，沿途经过伏牛山和太行山山前平原，途经京广铁路西侧，跨越长江、淮河、黄河、海河四大流域，建设专用的立交供水渠道，采用自流方式，沿途供水，最终抵达北京和天津。中线调水工程总干渠长 1246km，其中黄河以南 462km，穿黄河段约 10km，黄河以北 774km，天津干渠长 144km。南水北调中线工程实施后，丹江口水库的用途将发生显著变化，年平均调水量为 95 亿 m^3。

随着南水北调中线工程的完工，丹江口水库已成为气候适宜、空气清新、日照强度高、水质优良、水面宽阔的重要湿地资源，为库区水生生物多样性保持和渔业资源的可持续利用提供了良好的条件。

与此同时，水质改善和保护成为水库工作的重中之重，“确保水源永远是一库清水”是时任总理温家宝对南水北调中线工程的重要指示。因此，水源地丹江口水库及其流域的生态环境状况受到了社会的广泛关注。从某种意义上来说，水源地生态环境的保护状况直接影响着调水水质和工程效益。生态环境保护是南水北调中线工程兴建的前提，也是确保长期调水的关键。

1.2　库区人口构成、移民状况与产业结构

大坝加高前，丹江口库区总面积为 $745km^2$，1991 年总人口为 2 636 700 人，库区淹没土地 $2.8\times10^4hm^2$，迁移人口 382 000 人。迁移人口主要分布在郧县、丹江口市和淅川县，其中后靠安置在库区的移民共 202 000 人，占移民总数的 52.9%，且郧西、丹江口和淅川均曾是国家重点贫困县（市）。

库区产业结构在不同县（市）有所差异，各产业生产总值占地区生产总值的比例由高到低，呈现第二产业高于第三产业、第一产业的格局。2014 年，第一产业所占比例约 16.54%（强艳芳，2018）。从第一产业内部看，近些年库区沿线地区依靠丹江口水库优异的生态环境，大力发展特色生态农业产业，重点发展水产

品、茶叶等产品。以十堰市为例，全市生态绿色产业面积已占农业种植总面积的70%以上，产值占农业总产值的80%以上，特色农产品加工业产值占工业产值的比例已由“十五”计划初期的25%提高到2017年的48%（数据源于2015年十堰市农业局官网）。

1.3 库区渔业经济发展状况

南水北调中线工程实施后，丹江口水库总面积已达到1050km^2，按70%计，宜渔水面将达到735km^2。丹江口水库建成及大坝加高后巨大的淹没区、广阔的水域和众多的库汊，为发展以淡水生物资源有效利用、鱼类增殖为主要手段的生态渔业提供了得天独厚的条件。多年来，库区天然水产增殖产量虽然不高，但基本保持上升趋势（详见第3章）。

与天然渔业相比，丹江口水库前些年网箱养殖的规模则逐年扩张，养殖规模和养殖产量上升迅猛。据调查，2013年湖北库区有投饵式网箱约5万只，网箱渔业产值13亿元，年产量逐年增加（详见第3章）；河南库区有投饵式网箱约2万只，网箱渔业产值3亿多元。但是，丹江口水库大规模的投饵式网箱养殖因大量外源营养物质的输入增加了库区氮/磷负荷，加速了库区水体富营养化进程。初步估计，丹江口水库这些投饵式网箱养殖排入库区的总氮（TN）大约为2000t/a，总磷（TP）大约为450t/a。因此，必须加强有利于水质保护的各种生态渔业技术研究，将库区渔业由传统的“以鱼为中心”转移到“以水为中心”的观念上来，从水质保护的角度确定渔业的环境容纳量，提出最佳的渔业方式和渔业规模；通过增殖放流的技术途径，恢复重要经济鱼类资源，优化水生生物群落结构，修复和重建受损的水生态系统，实现以鱼治水和以鱼养水，实现“鱼水和谐，共同发展”，实现生态环境与经济社会的协调发展。根据水生态系统上行效应和下行效应的原理，发展基于生态系统管理、通过鱼类放流调控食物网的增殖渔业模式（完全依赖天然饵料生物），是保障丹江口水库水质安全和生态系统健康的重要技术措施，也是安排库区移民和渔民生计、维护社会稳定的重要途径。

1.4 南水北调工程对水质的要求迫使渔业生产方式转型

南水北调工程是缓解我国北方水资源短缺、生态环境恶化，促进水资源优化配置的重大战略性工程。南水北调工程实施后，丹江口水库主要功能由原来的以蓄滞洪为主，转变为以蓄调水为主。

根据《南水北调工程总体规划》要求，2013年年底前，南水北调中线一期工程控制单元各断面水质及入河排污总量达到规划治理要求，输水干线全线达到III

类水质标准。南水北调工程的实施，迫使库区存在的投饵式网箱养殖、库汊围网养殖等养殖方式和酷渔滥捕的捕捞行为向环境友好的生态渔业方式及基于资源合理利用与可持续发展的增殖渔业模式转型。

水库生态渔业是根据生态学原理并运用系统工程方法，在总结传统水库放养生产实践的基础上建立起来的一种多层次、多结构、多功能的水库增殖渔业模式，其核心是通过增殖放流和土著鱼类资源恢复等手段优化生态系统结构，提升物质循环和能量流动效率，保持和改善水体的生态平衡，助力生态系统良性运转，保证资源的可持续利用和发展，同时提供安全、优质的水产品。

1.5　实施渔业资源可持续利用战略的目的及意义

1.5.1　目的

中国是一个淡水资源匮乏的国家，保护大水面水质和生物多样性是实现水资源可持续发展的主要任务。由于南水北调中线工程对水质要求严格，丹江口水库渔业发展必须从以追求产量与经济效益为目标的集约化养殖方式向以水质和生物多样性保护、饵料生物资源均衡利用和生态系统健康维护为目标的环境友好生态渔业方式转变。因此，需要彻底改变丹江口水库传统渔业发展模式，保证水库水质安全、生态系统健康。

实施基于水质和生物多样性保护的丹江口水库生物资源可持续利用战略是通过取缔投饵式网箱养殖和库汊养殖等集约化养殖，在评估丹江口水库天然饵料资源和渔产潜力的条件下，通过人工放流和增殖手段恢复丹江口水库天然鱼类资源、优化鱼类群落结构、提高食物网转化效率，使天然饵料资源高效转化为渔产品，在保护和改善水质的前提下发挥库区生态渔业功能。

1.5.2　意义

1. 服务南水北调水质安全战略的需要

丹江口水库是南水北调中线工程唯一的水源地，确保水质安全是国务院多次重申的调水工作的重中之重。针对丹江口水库投饵式网箱和库汊养殖规模巨大、经济效益显著但难以保证南水北调水质要求的现状，我们综合丹江口水库天然饵料生物资源评估、鱼类群落结构调整与生态系统功能优化，发展以滤食性鱼类（鲢、鳙）、碎屑食性鱼类（黄尾鲴）和食鱼性鱼类（鳜、翘嘴鲌、蒙古鲌、乌鳢和鲇等）为主的增殖渔业；发展并建立有利于水质保护和生态系统健康的生态渔业模式，渔业过程完全依赖天然饵料生物，不投放任何形式的人工饲料或肥料，避免库区网箱、库汊养鱼产生的外源饵料和肥料的投入、渔药的使用与排泄物的排放；开发水产品加工、休闲渔业及其他第三产业，延长产业链。通过生态渔业技术示范和推广，结合南水北调清库政策，有序取缔库区投饵式网箱和库汊养殖，实现减少库区水体氮磷负荷、提升水体物质循环和能量转化效率、保护水质安全、维持生态平衡的目标。

2. 资源有效利用和库区经济发展的需要

丹江口水库是一座大型多功能水库，流域内雨量充沛、来水量大、外源营养物质丰富；库区气候温和、阳光充足、自然环境条件优越，具有较高的生物生产力，渔业资源的利用潜力大。但是，由于长期以来重视鱼类资源利用，忽视了资源养护，自然鱼类资源破坏严重、管理难度大等，因此库区天然鱼类群落结构退化，种群结构不合理，天然饵料资源没有得到合理利用。可见，以生态系统管理为原则、以土著鱼类群落结构恢复为手段、以生态系统健康为目标的生态渔业，是有效恢复生态系统结构与功能、可持续利用丹江口水库水生生物资源的重要途径。

3. 完善水库功能和产业结构调整的需要

根据《全国渔业发展第十三个五年规划（2016—2020 年）》《中国水生生物资源养护行动纲要》等规划、政策和文件，我国将依据资源、技术、市场条件分三个层次调整农业产业结构，重点发展第二、第三产业。渔业作为大农业的一个重要组成部分，具有节地、节粮、节能、节水和高产、高效的特点，发展渔业符合国家的产业政策要求，并能促进农副产品的就地转化，带动加工运输业、商业和餐饮旅游业的发展。因此，发展丹江口水库生态渔业是完善水库功能和调整产业结构的需要。

4. 改善人民生活和增进健康的需要

鱼类是人类的重要食物，也是膳食中动物蛋白的重要来源之一。在人口日益增加和耕地日益减少的双重压力下，我国粮食安全问题近年来日益突出。我国人多地少的基本国情决定了我们必须既要重视粮食安全，也要着眼于更大范围的食物安全。因此，在重视粮食、畜牧生产的同时，合理利用包括水库在内的水域资源，发展生态渔业，对保障食物安全具有重要意义。同时，水产品是优质蛋白，其低脂肪、低胆固醇、富含不饱和脂肪酸（如 DHA、EPA）等特性，有利于改善人民的营养结构，增进人民身体健康。丹江口水库建库以来，水产品是库区人民重要的优质食物，库区渔业产值可占农业总产值的 1/3。

5. 维持水生态系统健康和水质良好的需要

南水北调工程是国家特大型基础设施项目，对实施我国水资源优化配置、改善北方地区生态环境和促进国民经济的可持续发展具有重要的战略意义。丹江口水库是南水北调中线枢纽工程，也是南水北调中线工程的唯一水源地。

鱼类作为水生态系统的重要生物因子，在维持生态系统结构和功能的稳定方面有着不可替代的作用。渔业生产在生态系统结构中可以利用水体中生物的生产力，将营养物质转化成水产品，减轻水体氮磷营养负荷；同时，鱼类作为生物操纵的重要对象，可以利用营养级联效应，在水质管理和水体富营养化控制方面起到重要作用，促进水质净化，助力南水北调工程的持久顺利实施。

6. 提供优质安全有机水产品的需要

丹江口水库面积仅次于三峡水库，是重要的清水渔业基地，其产业意义重大。我国食品安全问题日益突出，严重影响人民群众的身体健康，当前人民群众对于优质水产品的需求与优质水产品供应能力不足之间的矛盾日益显现。发展丹江口水库生态渔业，不但是满足市场需求、丰富市民“菜篮子”的需要，而且是保障水产品质量、为社会提供安全健康水产品的有效途径。

第 2 章

丹江口水库水质与水环境概况

丹江口大坝建于汉江与其支流丹江汇合处的丹江口市，丹江口水库由汉库和丹库两部分组成，汉库接纳汉江及其支流的上游来水，丹库接纳丹江及老鹳河的来水。南水北调中线工程是南水北调工程的重要组成部分，对缓解京津及华北地区水资源短缺、改善受水区生态环境、促进该地区经济和社会的可持续发展具有重要战略意义。丹江口水库为南水北调中线工程的水源地，其水质状况及动态受到国内外高度关注。作为北方重要的饮用水源补充地，丹江口水库的水质状况尤为关键，以鱼养水，便是利用丹江口水库现有的优质水资源发展特色、生态、优质渔业，同时维护丹江口水库水质的健康与安全。

2.1 水库水质现状与变迁

2.1.1 水库水质现状

保持丹江口水库水质优良，具有重要的生态、社会和经济效益，受到科研工作者的长期关注。张乾柱等（2020）于 2017～2018 年对丹江口水库进行了连续 4 个季度的常规监测，发现水库全年平均水温为 19.44℃，平均 pH 为 7.88，平均溶解氧约为 9mg/L。此外，近几年有不少研究针对入库河流、库区不同水域的氮、磷、化学需氧量（COD）等指标开展调查（表 2-1，图 2-2），发现库区水质呈现磷含量低、氮含量较高的状态。万育生等（2020）基于丹江口水库丹库和汉库 15 个断面的水质数据，采用营养状态指数评价法评价营养状态，发现丹江口水库总体呈中营养状态，且汉库高于丹库，总氮和叶绿素 a（Chla）是决定营养水平的关键因素；夏凡等（2017）对丹江口水库水环境的评价结果表明，库区 75%的入库河流水质优于Ⅲ类标准；但若以总氮作为指标单独评价，仅 12.5%的入库河流符合Ⅲ类标准。

表 2-1 丹江口水库水环境近况

年份	研究区域	TN /（mg/L）	TP /（mg/L）	COD /（mg/L）	NH_3-N/（mg/L）	数据源
2015	16 条入库河流	0.83～15.5	0.02～0.578	1.6～6.9	0.072～6.04	夏凡等，2017
2015～2016（雨季）	62 个库湾	1.29	0.06	—	—	夏玲玉，2017
2015～2016（旱季）		1.49	0.08	—	—	
2015～2016	库心	0.95	0.013	3.2	0.03	阴星望，2019
2017	11 个库湾	1.47	0.014	—	—	贾海燕，2019

2.1.2　水库水质历史变化

总体而言，丹江口水库水质长期保持良好，但存在总氮偏高的问题。根据《地表水环境质量标准》（GB 3838—2002）进行评价，若总氮（TN）不参评，水库总体水质可达到Ⅱ类；若 TN 参评，则仅能达到Ⅳ类标准（闵志华，2017）。原因主要有两方面：一是入库河流带入，2005 年起大部分入库河流的总氮含量超过了Ⅲ类水质标准（殷明等，2007；刘坤坤等，2011）；二是库区周边农业生产和居民生活产生的面源污染导致（殷明等，2007）。

与李运贤等（2005）对丹江口水库营养盐调查的数据（TN 浓度为 0.614～0.835mg/L，TP 浓度为 0.005mg/L）相比，近些年库区的氮、磷浓度明显升高（表 2-1）。但张煦等（2016）研究结果有所不同，对汉库水质的 10 年监测结果表明，氨氮、总磷、总氮 3 项指标年均浓度从 2007 年起先降低后升高，但在 2011 年后有所降低（图 2-1）。施建伟等（2018）对丹库水域的监测也呈现类似的趋势，总氮和总磷在 2011 年后略有下降（图 2-2）。2004～2013 年，丹江口水库总氮、总磷、化学需氧量和氨氮的平均值分别为 1.21mg/L、0.013mg/L、1.99mg/L 和

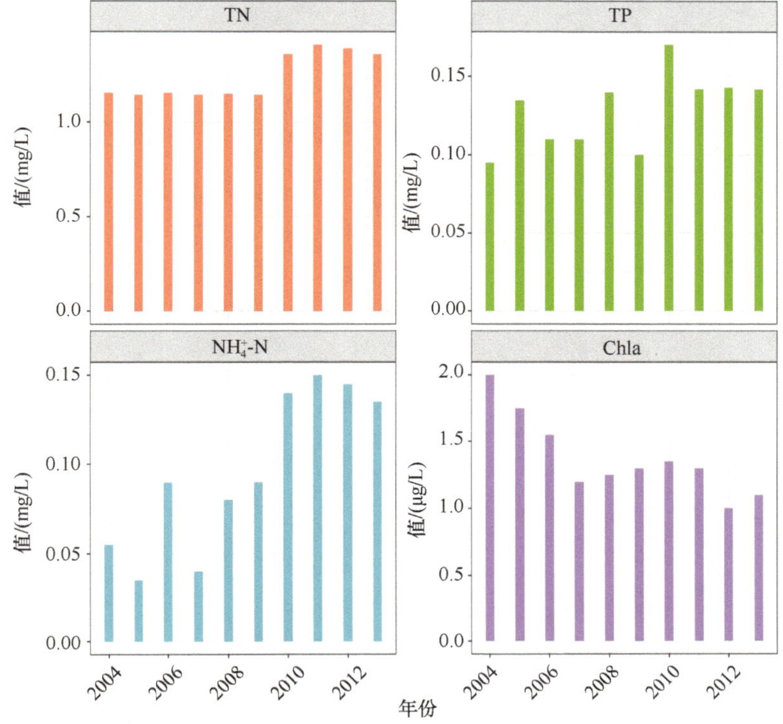

图 2-1　汉库水质的年际变化（引自张煦等，2016）

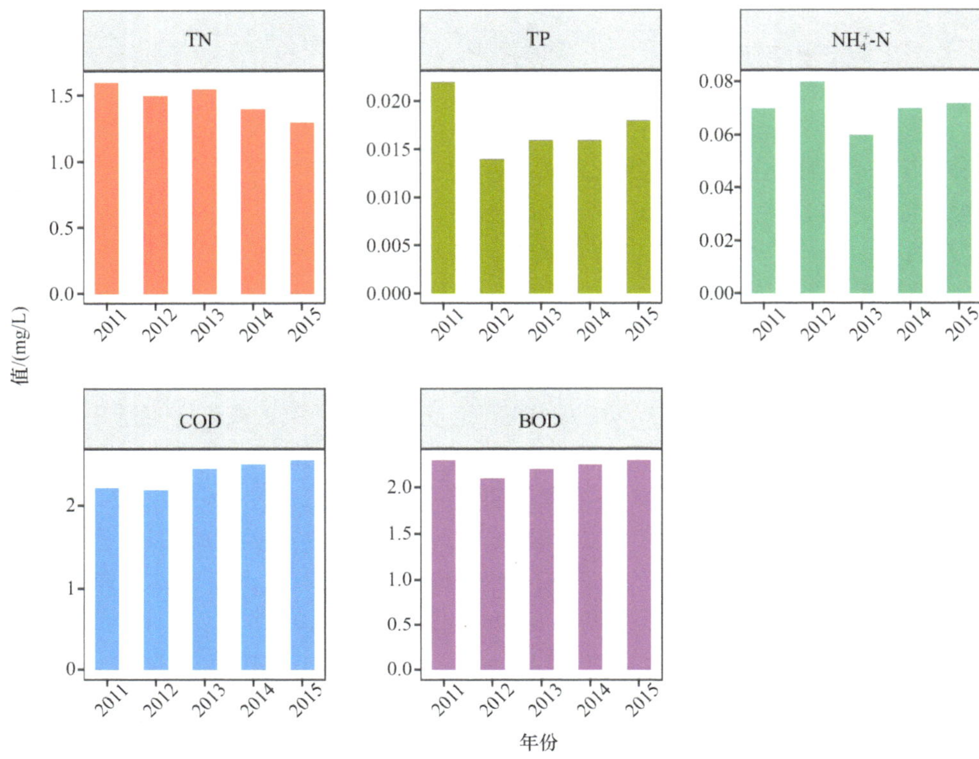

图 2-2 丹库水质的年际变化（引自施建伟等，2018）

0.099mg/L，除总氮指标为Ⅳ类外，其余监测指标水质类别均达到或优于Ⅱ类，营养状态级别在贫营养和中营养之间波动，总体水质保持优良（张煦等，2016）。

根据湖北省环境监测中心站长期监测结果，可以看出，1995～2009 年丹江口水库水质状况总体稳定，年均浓度全部符合Ⅰ～Ⅱ类水质标准（除总氮外）（表 2-2）。

表 2-2 1995～2009 年丹江口水库水质状况（引自湖北省环境监测中心站官网，1995～2009 年）

年份	河段位置	湖库名称	断面名称	功能类别	水质类别
1995	丹江口市	丹江口水库	坝上中	Ⅱ	Ⅱ
1996	丹江口市	丹江口水库	坝上中	Ⅱ	Ⅱ
1997	丹江口市	丹江口水库	坝上中	Ⅱ	Ⅰ
1998	丹江口市	丹江口水库	坝上中	Ⅱ	Ⅱ
1999	丹江口市	丹江口水库	坝上中	Ⅱ	Ⅰ
2000	丹江口市	丹江口水库	坝上中	Ⅱ	Ⅰ
2001	丹江口市	丹江口水库	坝上中	Ⅱ	Ⅰ
2002	丹江口市	丹江口水库	坝上中	Ⅱ	Ⅰ

续表

年份	河段位置	湖库名称	断面名称	功能类别	水质类别
2003	丹江口市	丹江口水库	坝上中	II	II
2004	丹江口市	丹江口水库	坝上中	II	I
2005	丹江口市	丹江口水库	坝上中	II	I
2006	丹江口市	丹江口水库	坝上中	II	I
2007	丹江口市	丹江口水库	坝上中	II	I
2008	丹江口市	丹江口水库	坝上中	II	II
2009	丹江口市	丹江口水库	坝上中	II	II
1995	丹江口市	丹江口水库	何家湾	II	II
1996	丹江口市	丹江口水库	何家湾	II	I
1997	丹江口市	丹江口水库	何家湾	II	I
1998	丹江口市	丹江口水库	何家湾	II	I
1999	丹江口市	丹江口水库	何家湾	II	I
2000	丹江口市	丹江口水库	何家湾	II	II
2001	丹江口市	丹江口水库	何家湾	II	I
2002	丹江口市	丹江口水库	何家湾	II	I
2003	丹江口市	丹江口水库	何家湾	II	II
2004	丹江口市	丹江口水库	何家湾	II	I
2005	丹江口市	丹江口水库	何家湾	II	I
2006	丹江口市	丹江口水库	何家湾	II	II
2007	丹江口市	丹江口水库	何家湾	II	II
2008	丹江口市	丹江口水库	何家湾	II	II
2009	丹江口市	丹江口水库	何家湾	II	II
1995	丹江口市	丹江口水库	江北大桥	II	II
1996	丹江口市	丹江口水库	江北大桥	II	I
1997	丹江口市	丹江口水库	江北大桥	II	I
1998	丹江口市	丹江口水库	江北大桥	II	I
1999	丹江口市	丹江口水库	江北大桥	II	I
2000	丹江口市	丹江口水库	江北大桥	II	I
2001	丹江口市	丹江口水库	江北大桥	II	I
2002	丹江口市	丹江口水库	江北大桥	II	I
2003	丹江口市	丹江口水库	江北大桥	II	II
2004	丹江口市	丹江口水库	江北大桥	II	I
2005	丹江口市	丹江口水库	江北大桥	II	I
2006	丹江口市	丹江口水库	江北大桥	II	II
2007	丹江口市	丹江口水库	江北大桥	II	II
2008	丹江口市	丹江口水库	江北大桥	II	II
2009	丹江口市	丹江口水库	江北大桥	II	II

续表

年份	河段位置	湖库名称	断面名称	功能类别	水质类别
2003	淅川县	丹江口水库	陶岔	II	II
2004	淅川县	丹江口水库	陶岔	II	II
2005	淅川县	丹江口水库	陶岔	II	II
2006	淅川县	丹江口水库	陶岔	II	II
2007	淅川县	丹江口水库	陶岔	II	II
2008	淅川县	丹江口水库	陶岔	II	II
2009	淅川县	丹江口水库	陶岔	II	II
2004	淅川县	丹江口水库	小太平洋	II	II
2005	淅川县	丹江口水库	小太平洋	II	II
2006	淅川县	丹江口水库	小太平洋	II	II
2007	淅川县	丹江口水库	小太平洋	II	II
2008	淅川县	丹江口水库	小太平洋	II	II

根据2012年6月和9月对丹江口水库坝前、何家湾、江北大桥3个样点的水质调查结果，3个样点总氮、总磷、化学需氧量和氨氮平均值分别为1.9mg/L、0.033mg/L、3.13mg/L和0.23mg/L（表2-3），均高于其他研究同期的调查结果，表明丹江口水库水质表现出较大的时空差异。

表2-3 丹江口库区2012年6月和9月主要水质指标一览表

监测点	月份	pH	透明度/cm	水深/m	DO/（mg/L）	总氮/（mg/L）	氨氮/（mg/L）	总磷/（mg/L）	溶解磷/（mg/L）	COD/（mg/L）	Chla/（μg/L）
坝前	6月	9.29	280	51	5.4	1.97	0.12	0.05	0.04	2.58	6.69
	9月	8.71	130	70	5.9	2.13	0.38	0.04	0.01	4.05	26.37
何家湾	6月	9.31	550	26	5.5	2.60	0.04	0.03	0.01	2.67	4.49
	9月	8.81	190	47	5.0	1.12	0.37	0.02	0.01	3.68	19.55
江北大桥	6月	9.39	350	59	6.1	1.73	0.03	0.04	0.03	2.50	2.83
	9月	8.90	60	47	6.2	1.88	0.44	0.02	0.01	3.30	12.12

注：DO表示溶解氧；COD表示化学需氧量；Chla表示叶绿素a含量

丹江口水库是丹江口市的生活饮用水源、农夫山泉矿泉水的水源以及河南、湖北两省部分工业、农业灌溉用水源。近年水质监测结果表明，丹江口水库水质达Ⅰ～Ⅱ类的监测断面占86%，Ⅲ类的监测断面占10%，Ⅳ类的监测断面占4%，总体水质是优良的。丹江口水库巨大的库容及各类水生生物的自净能力，使其成为南水北调中线工程的理想水源地，也使其成为发展水库生态渔业的理想场所。

2.2　主要入库污染负荷变迁与分析

2.2.1　流域主要污染源、污染负荷研究

1. 丹江口库区工业污染及分布特征

通过对库区各县市的工业废水排放情况（图 2-3）进行对比，结果发现：工业比较发达的十堰市区及其下辖的丹江口市工业废水排放量高于郧县（现称郧阳区）和郧西县，尤其是 2000 年以后表现得更为明显；各个县市区的工业废水排放量呈现两大变化趋势：十堰市区及其下辖的丹江口市工业废水排放量年际变化相对较大，年际曲线波动明显，郧县、郧西县的工业废水排放量年际变化较小、曲线相对平滑。

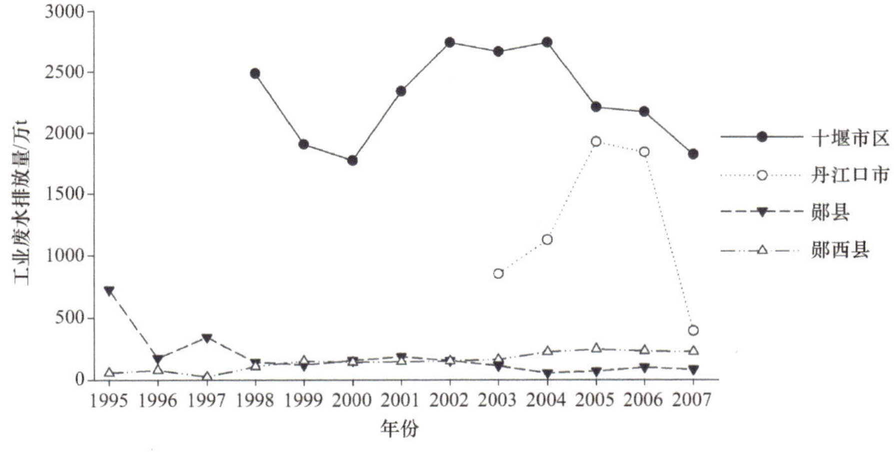

图 2-3　丹江口库区（湖北辖区）各县市区工业废水排放情况

具体而言，十堰市区历年工业废水主要受纳水体为神定河、泗河、犟河；丹江口市具有丰富的水利资源，工业门类也较多，以水电、冶金、化工、建材和机械行业为主，水电是以耗能为主体的工业体系的基础，冶金工业有炼钢、炼铝和型材等。丹江口市的工业主要集中在丹江口市城区（位于坝下），工业废水的主要受纳水体为坝下汉江段；郧县是一个农业县，但由于丹江口水库建成蓄水后，城镇人口沿汉江库区居住，工业生产相对集中，郧县境内的工业企业主要分布在城关镇、原种场、茶店镇和柳陂镇等几个主要沿江城镇，工业污染主要源自汽车生产工业、医药化工、建筑建材等行业。这几类行业的废水排放量大、污染物浓度高，所涉及的企业均未实现达标排放；郧西县工业废水受纳水体主要是天河、金钱河和仙河。

2000 年以来，库区工业废水排放量呈现先升后降的变化趋势，2001～2005 年出现逐年递增的变化趋势；2006 年起省级及地方环保部门加大了污染控制力度，区域污染得到一定的遏制，工业废水排放量开始降低（图 2-4）。

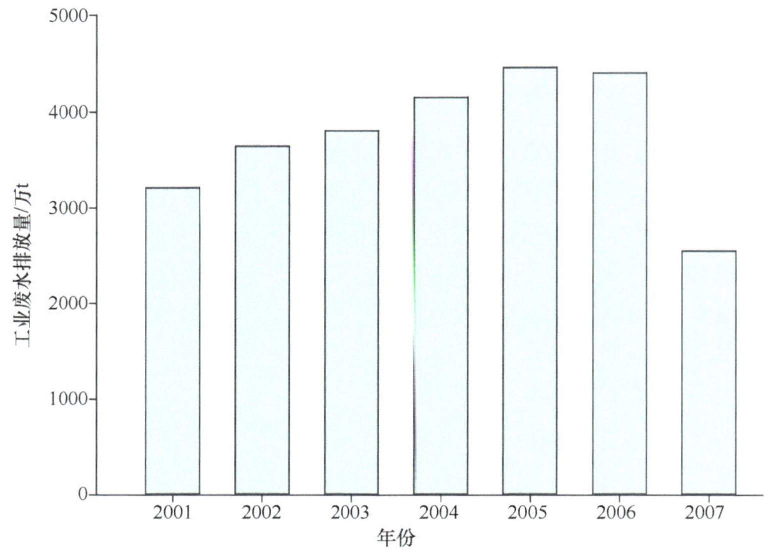

图 2-4　丹江口库区（湖北辖区）工业废水排放量年际变化

2. 城镇生活污染及分布特征

据 2009 年的调查，十堰市区城镇化率相对比较高，城镇生活污水产生量随着人口的增加也呈逐年上升的趋势，主要受纳水体为堵河、神定河；丹江口市目前除各乡镇政府所在地形成了一定的集镇外，其他区域无较大型的人口居住区。城镇居民多集中生活在丹江口水库坝下；郧县城关镇居民污水通过简单的管网收集后不经任何处理直接排入汉江，随着近几年城镇人口的增加，污水排放量及污染物排放量逐年增加，这给汉江水质带来了直接威胁；郧西县城镇居民集中生活在汉江库区沿岸，城镇污水处理厂在规划之中，在调查的范围内，2009 年以前城镇居民生活污水不经过处理直接排入汉江之中，对汉江的水环境甚至丹江口水库的生态安全造成威胁。

从 2001～2007 年丹江口库区（湖北辖区）城镇生活污水及 COD 产生量年际变化（图 2-5）可以看出，随着城镇化程度的提高，城镇生活污水产生量及 COD 产生量呈上升趋势。2006 年城镇生活污水产生量为统计年中最小值，为曲线中的异常值，数据分析得出，出现这种情况可能是由统计数据误差造成的（图 2-5）。

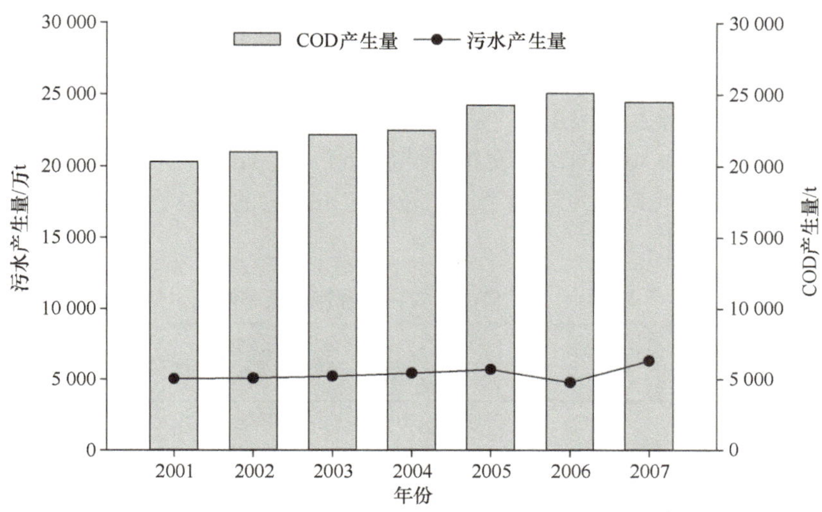

图 2-5　丹江口库区城镇生活污水排放及 COD 产生状况

通过比较库区各县市的城镇居民生活污水产生情况（表 2-4）发现，经济比较发达的十堰市区和丹江口市城镇居民生活污水产生量高于郧县和郧西县，十堰市区、丹江口市、郧县、郧西县城镇居民生活污水的产生量分别占城镇居民生活污水总产生量的 42%、40%、11%和 7%。

表 2-4　2007 年丹江口库区（湖北辖区）城镇居民生活污水产生情况

行政区域	污水排放量/万 t	受纳水体名称及水质	主要污染物产生量/t			
			COD	氨氮	TN	TP
十堰市区	3 114	神定河、远河等Ⅴ-Ⅳ类	14 013.81	1 522.49	2 179.93	157.44
丹江口市	2 904.3	丹江口水库Ⅱ类	5 496.13	597.11	854.96	61.74
郧县	805	汉江Ⅱ类	2 572.16	279.44	400.11	28.9
郧西县	529	天河Ⅴ类	2 378.33	258.39	369.96	26.72
合计	7 352.3	—	24 460.43	2 657.43	3 804.96	274.8

注：COD 表示化学需氧量

根据“丹江口库区水体富营养化现状及趋势研究”项目组 2009 年的调查，十堰市两条主要纳污河中神定河年流量为 1.49 亿 m^3，远河上游总来水量为 1.46 亿 m^3，其平均总氮负荷分别为 1022t/a 和 906t/a。

3. 农业面源污染及发生特征

（1）农村生活污水

根据《全国饮用水水源地基础环境调查及评估工作方案》中得出的农村生活人均

产物系数：人均生活污水量 80L/（人·d），化学需氧量 16.4g/（人·d），总氮 5g/（人·d），总磷 0.44g/（人·d），氨氮 4.0g/（人·d）；人均生活垃圾产生量 0.71kg/（人·d），则丹江口库区农村生活污水的特点是产生量大、污染物浓度低、排放相对分散。尽管年内日排放流量是不均匀的，但在年均排放量上一般比较均匀。对于丹江口水库（湖北辖区）来说，污水的污染源组成比较固定，排放的污染物成分和排放量也相对稳定（表 2-5，图 2-6）。

表 2-5　丹江口库区农村面源污染历年情况

年份	人口/万人	污水产生量/万 t	主要污染物排放量/t				生活垃圾产生量/万 t
			COD	TN	TP	氨氮	
1995	145.06	4235.79	8683.38	2647.37	232.97	2117.90	39.75
1996	143.25	4183.00	8575.15	2614.38	230.07	2091.50	39.25
1997	140.45	4101.04	8407.13	2563.15	225.56	2050.52	38.52
1998	140.25	4095.21	8395.18	2559.51	225.24	2047.60	38.43
1999	141.14	4121.43	8448.93	2575.89	226.68	2060.72	38.66
2000	134.69	3932.92	8062.49	2458.08	216.31	1966.46	36.80
2001	131.23	3831.96	7855.52	2394.97	210.76	1915.98	35.84
2002	129.30	3775.43	7739.63	2359.64	207.65	1887.71	35.34
2003	136.12	3891.74	7978.06	2432.33	214.05	1945.87	36.49
2004	136.59	3905.24	8005.74	2440.77	214.79	1952.62	36.57
2005	134.75	3851.01	7894.57	2406.88	211.81	1925.50	39.75
2006	134.20	3834.80	7861.35	2396.75	210.91	1917.40	39.25
2007	138.69	3965.42	8129.11	2478.39	218.10	1982.71	38.52

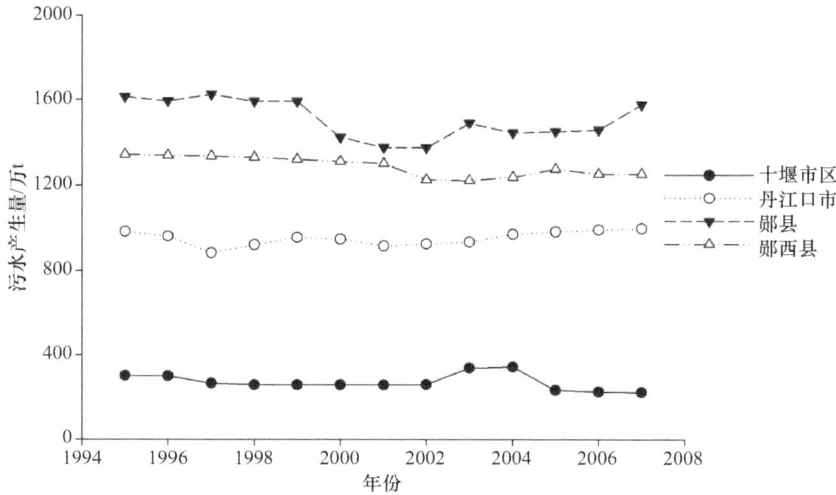

图 2-6　丹江口库区（湖北辖区）各县市区农村分散生活污水产生量变化趋势

从各县市情况来看，农村人口较多的郧县农村生活污水产生量相对其他县市较大（图 2-6）。分析年际变化趋势可以看出，由于城镇化进程的推进，十堰市区、郧县、郧西县农村生活污水产生量整体呈下降趋势，而丹江口市由于部分农村移至坝上，因此其农村生活污水产生量有所上升。

丹江口库区生态安全评价涉及的十堰市 4 个县市区 2007 年农村居民生活污水排放情况见表 2-6。

表 2-6　2007 年农村居民生活污水排放情况

行政区域	污水排放量/万 t	主要污染物排放量/（t/a）			
		COD	氨氮	TN	TP
十堰市区	135.7	278.19	67.85	84.81	7.46
丹江口市	1054.6	2161.93	527.3	659.13	58.01
郧县	1582.64	3244.41	791.32	989.15	87.05
郧西县	1251.28	2565.12	625.64	782.05	68.82
合计	4024.22	8249.65	2012.11	2515.14	221.34

（2）农田径流

a. 化肥施用

库区居民为了追求高产丰收，大量使用化肥农药，而且使用量逐年增长。化肥流失量大是造成丹江口水库富营养化的重要原因。同时库区畜禽养殖业的发展也呈上升趋势，畜禽养殖大部分为分散经营，粪便未能按要求进行无害化处理，所谓综合利用只是简单处理后施于农田，从而造成面源污染。水产养殖的规模不断扩大，投放的饲料和鱼类的排泄物成为富营养物质的来源。

从表 2-7 可以得知，化肥结构以氮肥偏多，库区流域土壤贫瘠程度较高，单亩①土地化肥使用量呈升高趋势，使得地区农业面源污染日益严重。

表 2-7　丹江口库区（湖北辖区）化肥使用情况

年份	化肥总使用量/t	单位面积使用量/（kg/亩）	总含氮量/t	总含磷量/t
1995	128 413	48.49	20 042	9 018
1996	147 038	46.84	24 024	11 060
1997	146 528	49.49	23 924	10 326
1998	154 470	83.15	23 513	11 629
1999	153 606	83.93	26 462	10 956
2000	154 904	94.13	24 708	11 153

① 1 亩≈666.7m²

续表

年份	化肥总使用量/t	单位面积使用量/（kg/亩）	总含氮量/t	总含磷量/t
2001	146 369	85.80	23 701	10 768
2002	154 752	96.62	25 372	11 916
2003	152 232	92.96	24 765	11 631
2004	163 102	89.57	25 364	12 160
2005	162 139	93.34	26 390	13 298
2006	172 624	87.97	28 328	13 752
2007	177 146	92.11	29 101	14 392

从各县市区化肥施用情况来看，农田较多且单位农田面积施用化肥量较多的郧县、丹江口市化肥施用量明显高于十堰市区和郧西县；从变化趋势来看，十堰市区化肥施用量变化不大，丹江口市、郧县、郧西县的化肥施用量存在小范围的年际变化（图 2-7）。

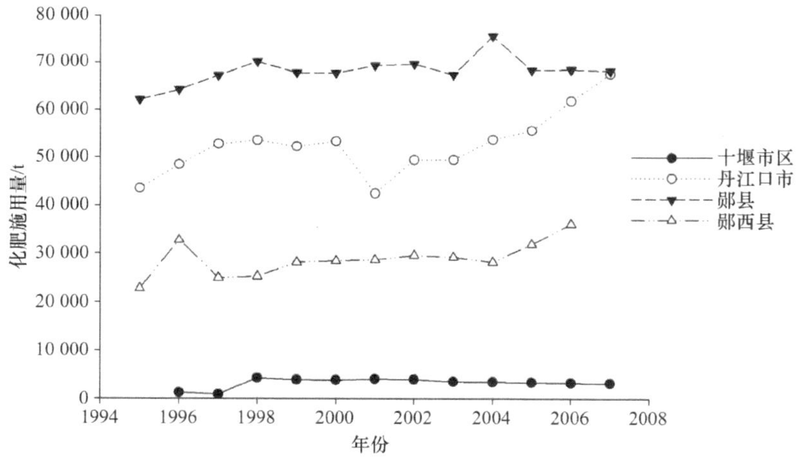

图 2-7　丹江口库区（湖北辖区）各县市区化肥施用变化趋势

b. 农药施用

库区年农药施用量较高，品种多为杀虫剂、杀菌剂、除草剂等，对环境造成危害的是含磷、砷、汞类高毒高残留农药。这些农药在使用上多采用喷施方法并且一年喷施多次。农药除 40%被农作物及害虫吸收分解外，一部分挥发入空气，大部分残留在土壤地表渗透到地下水或随雨水冲刷汇入地表径流流入库区，造成污染。

丹江口库区（湖北辖区）农药使用总量及单位面积农药使用量在 2005 年达到峰值，2006 年以后随着绿色农业技术的推广，农药使用总量及单位面积农药使用量有所下降（图 2-8）。

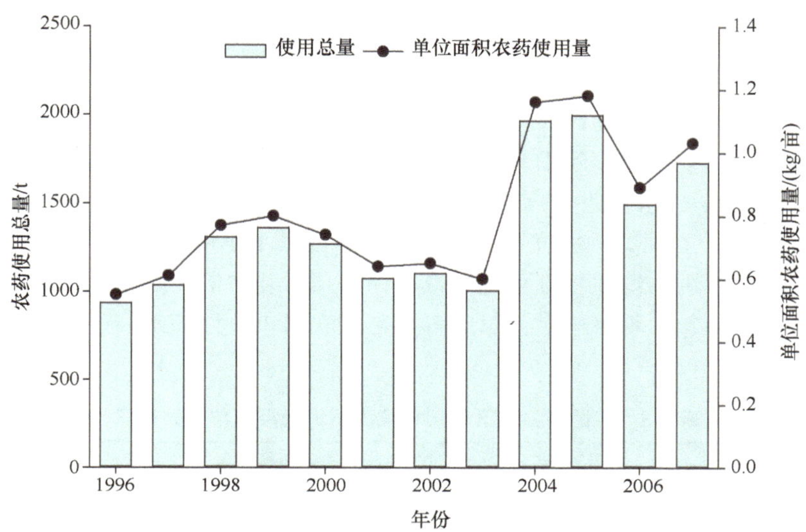

图 2-8　丹江口库区（湖北辖区）农药使用情况变化趋势

从各县市区的农药使用情况（图 2-9）可以看出，郧县、郧西县、十堰市区农药使用量整体年际变化不大，其中由于统计的误差，十堰市区 2004 年和 2005 年的数据存在异常；丹江口市农药使用量呈曲折向上的年际变化趋势。

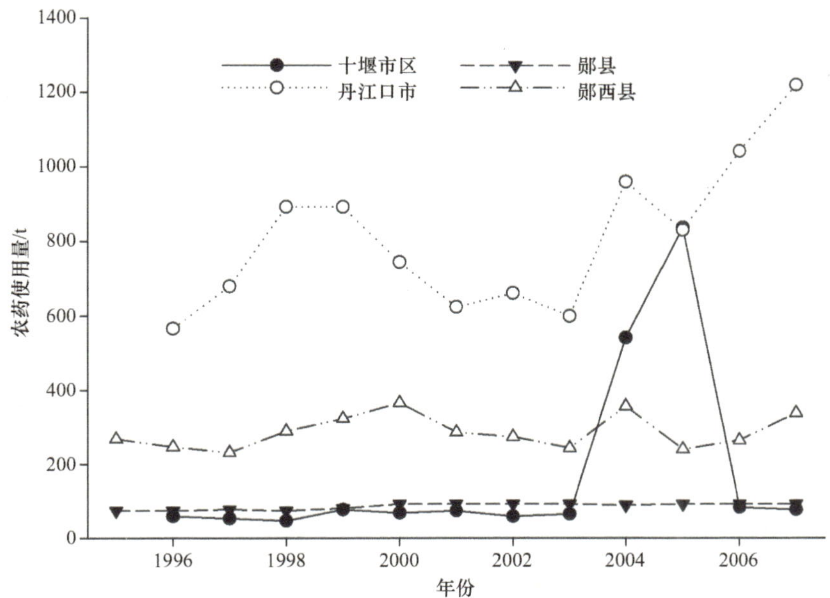

图 2-9　丹江口库区（湖北辖区）各县市区农药使用情况变化趋势

c. 农田径流污染

通过对库区径流冲刷特征、降雨、径流关系的综合分析，丹江口库区行政区范围农田产生的径流负荷计算方法与城镇地表径流方法相同。农田径流与降雨量有很大关系，国内外研究表明，当雨强小于12.7mm/h时，一般不会产生径流负荷，但由于库区山高坡陡，产生径流的最小雨强为10mm/h。库区农田地表径流污染只有在丰水期（5～9月）内存在，其他时间由于雨量小不能形成径流。

参照全国饮用水源地基础环境调查与评估项目及在涪陵的试验研究成果，按照库区各地的多年平均降雨量计算的各县市区农田单位面积地表径流年荷载因子见表2-8。

表2-8 库区各县市区农田单位面积地表径流年荷载因子

行政区域	农田面积/km^2	年均降雨量/mm	COD/[t/（km^2·a）]	氨氮/[t/（km^2·a）]	TN/[t/（km^2·a）]	TP/[t/（km^2·a）]
十堰市区	23.2	878.6	20.63	4.38	5.48	0.31
丹江口市	183.37	797.5	17.82	4.75	5.94	0.33
郧县	394.49	802.4	21.6	5.76	7.20	0.41
郧西县	854.93	760	24.57	6.55	8.19	0.46
武当山特区	18.14	925	39.9	1.72	2.15	0.12

由此计算的2007年库区各县市区农田地表径流污染负荷见表2-9。

表2-9 2007年库区各县市区农田地表径流污染负荷 （单位：t/a）

行政区域	COD	氨氮	TN	TP
十堰市区	478.62	101.62	127.03	7.19
丹江口市	3 267.65	871.01	1 088.76	60.51
郧县	8 520.98	2 272.26	2 840.33	161.74
郧西县	21 005.63	5 599.79	6 999.74	393.27
武当山特区	723.79	31.2	39.00	2.18
合计	33 996.67	8 875.88	11 094.86	624.89

由此可见，来自库区流域中的农业面源氮、磷总量进入库区的总量分别为每年11 094.86t和624.89t，此总量不可小觑，甚至超过城镇工业和生活排放的总和。这部分营养物质的进入，难以通过集中污水处理达到消减的效果，因此，生态渔业将是消除此类物质在水库水体中积累的有效方法之一。

（3）畜禽养殖、水产养殖污染源调查

a. 畜禽养殖业

对丹江口库区（湖北辖区）养殖污染物排放情况进行统计，发现从1995年至2007年，畜禽养殖废水排放量、COD排放量和氨氮排放量基本稳定，最高值均出现在 2004 年。丹江口库区生态安全调查的 5 个县市区分别为：十堰市区、丹江口市、郧西县、郧县和武当山特区。其中十堰市区畜禽养殖统计初始年份为 1999 年，武当山特区的畜禽存栏列入十堰市区计算。十堰市区、武当山特区分散式养殖量不大，且历年数据不完全，因此针对丹江口库区分散式养殖造成的面源污染主要统计分析了丹江口市、郧县以及郧西县的情况。

库区农村分散式畜禽养殖污染年际变化不大，随着养殖结构的调整，COD、氨氮的排放量呈缓慢下降趋势。库区畜禽养殖所产生的废水基本上没有经过任何处理，直排进入水体，这部分污水对环境污染的贡献值较大，是构成区域农业面源污染的主要污染源之一。一般估计畜禽养殖业中总氮和总磷的排放量分别相当于 COD 排放量的 73.3%和 29.3%。

由于生产结构不同，各县市区分散式畜禽养殖污水产生量年际变化也不尽相同。丹江口市和郧西县分散式畜禽养殖的废水产生量年际变化稳中有升，郧县农村分散式畜禽养殖废水呈逐年减少趋势，受统计误差的影响，十堰市分散式畜禽养殖废水 2004 年出现突变。

b. 水产养殖业

库区形成以来，渔业在丹江口库区一直受到重视，库区渔业总产量基本保持上升趋势，其中 1969～1991 年渔业产量见图 2-10。

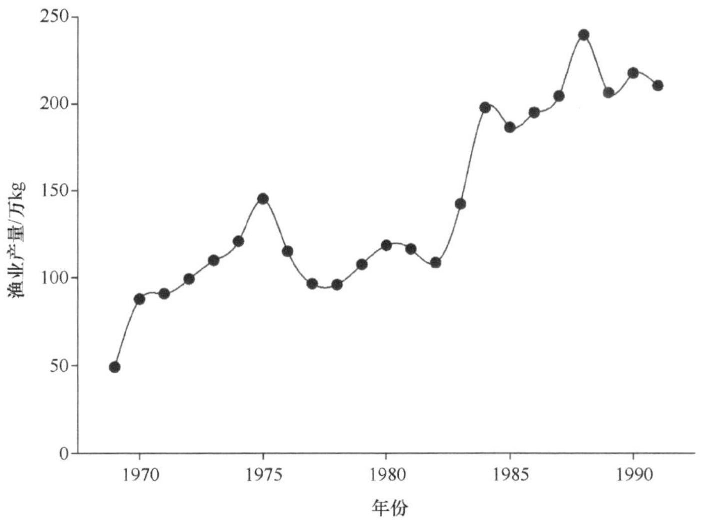

图 2-10　丹江口库区 1969～1991 年渔业产量变化

2006 年，丹江口库区渔业年产量为 400 万～500 万 kg，养殖面积 30.5 万亩，精养面积 8.5 万亩，加工水产品 4.73 万 t，产值 4.5 亿元，渔业产值占全市农业产值的 30%。

2007 年，丹江口市已发展网箱、库湾养鱼 77 750 亩，占该市人工养殖总面积

（120 200 亩）的 64.68%，形成了 52 500 只 2550 亩 35 000t 商品鱼的网箱养鱼规模，建成 350 处 75 200 亩 15 000t 商品鱼的库湾养殖基地，全市还发展其他人工养殖 42 450 亩，产量 10 050t。全市人工养殖产量已达 60 050t，占全市水产品总产量的 85.7%，养殖水产品产量已处于主导地位。全市渔业水域面积由 20 000 亩增加到 50 000 亩，建成了均县镇关门岩水域 40 000 只鲢鳙鱼网箱、凉水河库区 10 000 只鲌鳜鱼网箱。

根据 2008 年的统计，丹江口市所辖库区渔业产量为 7 万 t，其中捕捞产量 0.96 万 t，养殖产量 6.04 万 t，已形成 5.3 万只滤食性鱼类养殖网箱和 1.2 万只肉食性鱼类投饵式养殖网箱的规模。移植的太湖新银鱼已形成 3000t 资源量和 2000t 起捕产量的规模效益。

在不考虑滤食性网箱养殖的贡献时，如肉食性鱼类投饵式养殖网箱的产量计为 1.2t/标准网箱（体积 60m^3），则 1.2 万只网箱总产量约为 1.44 万 t/a。按照翘嘴鲌的网箱养殖方式和技术，以饵料系数 2.4 计算，则需要饵料 3.5 万 t/a，饵料总蛋白质含量平均要求为 37.5%（按蛋白质与总氮含量的换算系数 6.25，饵料中总氮含量至少为 6%），则每年通过投饵的总氮投入量为 2100t。考虑到鱼体捕捞、水体自净能力、底泥沉积对水体总氮的消减能力，丹江口库区之前的投饵式网箱养殖对水体中总氮的贡献尚需进一步开展实验研究，但以下列网箱养殖在水库水体中的总氮、总磷贡献量作为参考（Guo and Li，2003）。

网箱养殖对水体总氮、总磷的贡献如下。

1）虹鳟（饵料投喂）。总氮：100kg/t 鱼产量；总磷：23kg/t 鱼产量。

2）牛山湖鳜网箱。总氮：160kg/t 鱼产量；总磷：35kg/t 鱼产量。

初步估计丹江口库区投饵式网箱养殖渔业对总氮的贡献大约为 1900t/a，总磷排放率为 420t/a。

2.2.2 流域入库污染负荷分析

1. 库区内污染负荷汇总①

2007 年库区汇入汉江的污染负荷量按照污染源种类进行统计，结果见表 2-10，区域统计结果见表 2-11。

采用等标污染负荷法对 2007 年的库区内污染负荷进行评价，2007 年库区主要污染物是总磷（55.6%）、氨氮（16.5%），累计等标污染负荷比 72.1%（表 2-12）。2007 年，库区主要的污染源是农田径流（41.04%）、生活污水（29.76%）、网箱养殖（16.52%），累计等标污染负荷比为 87.32%（表 2-13）。

---

① 本节的表中因计算方法差异导致污染负荷合计稍有误差。

表 2-10　2007 年库区各类污染源进入水库的污染负荷　（单位：t）

污染物	污染源			
	COD	氨氮	TN	TP
工业废水	10 396.78	1 352.07	—	—
生活污水	32 710.08	4 669.54	6 320.1	496.13
船舶废水	1.25	0.1	0.13	0.01
农田径流	33 996.67	8 875.88	11 094.86	624.89
畜禽养殖	39 505.54	7 901.11	—	—
网箱养殖	—	—	1 900	420
合计	116 610.32	22 798.7	19 315.09	1 541.03

表 2-11　2007 年库区污染负荷区域统计　（单位：t）

行政区域	COD	氨氮	TN	TP
十堰市区	22 261.23	2 868.19	2 430.77	174.27
丹江口市	32 621.48	6 273.37	4 502.85	600.26
郧县	23 966.03	5 223.81	4 229.59	277.69
郧西县	37 760.33	8 433.23	8 151.75	488.81
合计	116 609.07	22 798.6	19 314.96	1 541.02

表 2-12　2007 年库区污染物等标污染排放负荷

污染物	COD	氨氮	TN	TP	合计
排放标准/（mg/L）	150	25	25	0.5	—
污染负荷/t	116 609.07	22 798.6	19 314.96	1 541.02	—
等标污染负荷/t	777.4	911.94	772.6	3 082.04	5 543.96
等标污染负荷比/%	14.0	16.5	13.9	55.6	100.00

表 2-13　2007 年库区主要污染源等标污染负荷

污染物		COD	氨氮	TN	TP	等标污染负荷比
排放标准 /（mg/L）		150	25	25	0.5	—
工业废水	污染负荷/t	10 396.78	1 352.07	—	—	2.22%
	等标污染负荷/t	69.31	54.08	—	—	
	等标污染负荷比/%	56.2	43.8	—	—	
生活污水	污染负荷/t	32 710.08	4 669.54	6 320.1	496.13	29.76%
	等标污染负荷/t	218.07	186.78	252.80	992.26	
	等标污染负荷比/%	13.2	11.3	15.3	60.2	
农田径流	污染负荷/t	33 996.67	8 875.88	11 094.86	624.89	41.04%
	等标污染负荷/t	226.644	355.035	443.794	1 249.780	
	等标污染负荷比/%	10.0	15.6	19.5	54.9	

续表

污染物		COD	氨氮	TN	TP	等标污染负荷比
畜禽养殖	污染负荷/t	39 505.54	7 901.11	—	—	10.45%
	等标污染负荷/t	263.370	316.044			
	等标污染负荷比/%	0.455	0.545			
网箱养殖	污染负荷/t	—	—	1 900	420	16.52%
	等标污染负荷/t	—	—	76	840	
	等标污染负荷比/%	—	—	8.3	91.7	
合计	污染负荷/t	116 609.07	22 798.6	19 314.96	1 541.02	100%
	等标污染负荷/t	777.4	911.94	772.6	3 082.04	
	等标污染负荷比/%	14.0	16.5	13.9	55.6	

2. 入库污染物负荷分析

2007 年库区产生的污染负荷 COD、氨氮、TN、TP 分别为 11.66 万 t、2.28 万 t、1.93 万 t、0.15 万 t。库区内存在的对水体造成富营养化的主要成分类别依次为 TP、氨氮、COD 和总氮。库区内的主要污染源为农田径流，其等标污染负荷比为 41.04%；其次为生活污水（包括农村居民生活污水），其等标污染负荷比为 29.76%。因此，农业非点源污染将是今后库区污染防治的重点。从库区内污染源的分布来看，郧西县是主要的排污区，2007 年 COD、氨氮、TN 和 TP 排放量分别为 3.78 万 t、0.84 万 t、0.82 万 t 和 0.05 万 t，其所排放的总污染等标负荷约占全库区总负荷的 34.1%，其次为丹江口市（33.4%）、郧县（19.7%）和十堰市区（12.8%）（表 2-14）。

2.3 水库水质保护的主要工程措施与效果

2.3.1 十堰市区水环境管理状况

十堰市政府在 1998 年制定了《十堰市饮用水源污染防治管理规定》（十政发〔1998〕28 号），但未设立饮用水源保护区管理办公室来统一协调各职能部门，实施综合管理，全面负责饮用水源地的保护工作。市水利局下设有水库管理处，市区各水库设有水库管理所（县市区情况不详），但受管理职责和权限的限制，无法实施综合管理。环保部门也无专门的管理机构。

截至 2007 年，十堰市区（包括茅箭区、张湾区）共有废水处理设施 284 套，废水日处理能力达 9.91 万 t，工业用水重复利用率约为 90%，达标排放率达 98% 以上。十堰市城镇污水处理设施建设及运行情况如表 2-15 所示。

表 2-14　2007 年库区各地市各类污染物等标污染负荷

污染物		COD	氨氮	TN	TP	等标污染负荷比
排放标准/（mg/L）		150	25	25	0.5	—
十堰市区	污染负荷/t	22 261.23	2 868.19	2 430.77	174.27	12.8%
	等标污染负荷/t	148.408	114.728	97.231	348.540	
	等标污染负荷比/%	20.9	16.2	13.7	49.2	
丹江口市	污染负荷/t	32 621.48	6 273.37	4 502.85	600.26	33.4%
	等标污染负荷/t	217.477	250.935	180.114	1 200.520	
	等标污染负荷比/%	11.8	13.6	9.7	64.9	
郧县	污染负荷/t	23 966.03	5 223.81	4 229.59	277.69	19.7%
	等标污染负荷/t	159.774	208.952	169.184	555.380	
	等标污染负荷比/%	14.6	19.1	15.5	50.8	
郧西县	污染负荷/t	37 760.33	8 433.23	8 151.75	488.81	34.1%
	等标污染负荷/t	251.736	337.329	326.070	977.620	
	等标污染负荷比/%	13.3	17.8	17.2	51.7	
合计	污染负荷/t	116 609.07	22 798.6	19 314.96	1 541.03	100%
	等标污染负荷/t	777.400	911.94	772.600	3 082.04	
	等标污染负荷比/%	14.0	16.5	13.9	55.6	

表 2-15　十堰市城镇污水处理设施建设及运行情况（2007 年）

编码	项目	单位	内容	
1	污水处理名称	—	十堰市神定河污水处理厂	十堰东风公司花果污水处理厂
2	处理规模	t/d	16.5 万	—
3	出水水质	—	III	III
4	投资	亿元	—	—
5	管网规模	km	39	12
6	管网投资	亿元	—	—
7	项目进展	—	运行	运行
8	设计服务人口	万人	20	8
9	污水处理费征收情况	元/t	—	—

2.3.2 丹江口市水环境管理状况

丹江口市政府在2005年制定了《丹江口市突发公共卫生事件应急预案》，并在2007年建立水源地保护区。已将丹江口市第一取水厂、第二取水厂及丹江口市水利枢纽管理局水厂周边划为饮用水源地保护区，为了切实保护水源地，丹江口市开展或规划开展了全市饮用水源地保护区污染防治工程、保护隔离防护工程、生态恢复与建设工程、点源污染防治工程、非点源污染防治工程、监控信息管理系统建设工程等六大类项目。丹江口市城镇污水处理设施建设及运行情况见表2-16。

表2-16 丹江口市城镇污水处理设施建设及运行情况（2007年）

参数	单位	项目	
污水处理名称	—	丹江口左岸污水处理厂	六里坪镇污水处理厂
处理规模	t/d	4.5万	1万
出水水质	—	GB 18918—2002 一级B标准	GB 18918—2002 一级A标准
投资	万元	12 035	4 530
管网规模	km	30.12	42.59
管网投资	万元	3 467	1 110
项目进展	—	在建	在建
设计服务人口	万人	13.14万人（现状） 规划（2015年）27万人	2.6万人（现状） 规划（2010年）3.3万人
污水处理费征收情况	元/t	尚未开展（预计0.8元/t）	

2.3.3 郧县水环境管理状况

为加强水环境管理，2006年郧县环保局编制了郧县“十一五”水资源保护规划、郧县饮用水源地环境保护规划，明确了水污染控制目标，并早在1995年就对城区饮用水源地制定了立法保护措施。

郧县环保部门先后否决16个有污染的投资项目，涉及投资额1.7亿元；先后关停了造纸厂、皂素厂等多家经济发展的支柱企业，依法取缔关闭污染企业6家，责令停产4家，限期治理12家，行政处罚5家，挂牌督办10家，炸毁、关闭非法开采的非煤矿山企业20多家，年减少排放污水200多万吨。2007年5月4日，郧县将黄姜加工违法企业的生产设施全部拆除，并完成了对全县所有违法排污黄姜企业的整治工作。

由于郧县地处丹江口水库水源区，水质水量监测能力的建设极为重要。为了保证水库的生态安全，避免水污染事件的发生，保障库区周边人民的饮水用水安全，郧县亟须加强生态安全应急能力建设，加强汉江干流及支流水监测能力建设，加强监测设备、交通设施的基础建设。

2.3.4 郧西县水环境管理状况

“十五”期间，郧西县环保部门实施改革，由原来的事业局转变成一级行政局，行政编制由 7 人增到 9 人，领导力量得到加强，工作条件有所改善，工作效率得到提高。到 2007 年 6 月，郧西县已将县内全部金矿关停，绝大部分矿产企业也已被关停或整顿，只余尾矿因资金问题未得到妥善处理，因环境标准提高，绝大部分黄姜企业已迁入陕西省。但是，环保部门的环境监管能力建设仍然明显滞后，具体表现为：一是财政体制不顺，发展资金没有保障；人员编制不足，人员素质亟待提高；工作条件差，办公条件简陋，缺乏必要的交通、通信和调查取证工具；环境监测设备、仪器严重不足，且陈旧落后，导致工作效率不高。二是环保部门统一监督管理职能未充分发挥，综合协调能力不强，有关环保职能部门之间协调配合的机制尚不健全，执法合力不强，将来有待进一步加强。

第3章

丹江口水库水生生物资源及其演变

丹江口水库素有“亚洲天池”之美誉，水质优良，水生生物资源丰富，是利用天然饵料发展生态渔业、保护水质的理想之地。仅丹江口市就有22个水产品、35万亩水面已通过国家无公害认定，“丹江口翘嘴鲌”成为国家地理标志保护产品，“丹江口青虾”“丹江口鳙”也已通过湖北省主管部门的国家地理标志保护产品认定；10万亩水面有机鲢、鳙、银鱼生产基地通过国家认证，多种水产品获得农业博览会金奖或中国地理标志名优产品奖，渔业安全与品牌效应、经济社会效益和对南水北调中线工程水源区的水质净化的生态功能正在显现。为更好地发挥丹江口水库生态系统服务功能，有必要了解丹江口水库各类水生生物资源及其渔产潜力。

3.1 浮游植物资源及其演变

关于丹江口水库浮游植物的研究较为系统。早在建坝前的1958年，中国科学院水生生物研究所与苏联专家就合作开展了库区浮游植物的调查（波鲁茨基等，1959）。大坝建成以后，关于丹江口水库浮游植物的系统调查分别于1986～1987年（杨广等，1996）、1992～1993年（邬红娟等，1996）、2004～2006年（李玉英等，2008）、2007～2008年（申恒伦等，2011）、2008～2009年（Yin et al.，2011）、2009～2010年（谭香等，2011）及2014～2015年（王英华等，2016）开展。

3.1.1 浮游植物种类组成及其演变

丹江口水库近60年共检出浮游植物7门122种（表3-1）。总的趋势是早期检出的种类数较少（波鲁茨基等，1959），近年检出的种类数较多（李玉英等，2008；殷大聪，2010；申恒伦等，2011；王英华等，2016）。这固然与分类计数的改进、分类水平的提高有关，也反映了丹江口水库水质良好、浮游植物多样性高。

表3-1 丹江口水库浮游植物种类组成及年际变化

种类	1958年（波鲁茨基等，1959）	1992～1993年（邬红娟等，1996）	2008～2009年（殷大聪，2010）
蓝藻门 Cyanophyta			
水生集胞藻 *Synechocystis aquatilis*			+
蓝纤维藻属一种 *Dactylococcopsis* sp.			+
细小平裂藻 *Merismopedia minima*			+
水华微囊藻 *Microcystis flos-aquae*		+	+
巨大色球藻 *Chroococcus giganteus*		+	+
微小色球藻 *Chroococcus minutus*			+
多胞色球藻 *Chroococcus multicellularis*			+

续表

种类	1958 年（波鲁茨基等，1959）	1992～1993 年（邬红娟等，1996）	2008～2009 年（殷大聪，2010）
中华小尖头藻 *Raphidiopsis sinensia*			+
弯曲尖头藻 *Raphidiopsis curvata*			+
螺旋鱼腥藻 *Anabaena spiroides*		+	+
项圈藻属一种 *Anabaenopsis* sp.			+
水华束丝藻 *Aphanizomenon flos-aquae*		+	+
湖泊鞘丝藻 *Lyngbya limnetica*			+
柱孢藻属一种 *Cylindrospermum* sp.			+
螺旋藻属一种 *Spirulina* sp.			+
近旋颤藻 *Oscillatoria subcontorta*			+
巨颤藻 *Oscillatoria princes*		+	+
尖细颤藻 *Oscillatoria acuminata*			+
阿氏席藻 *Phormidium allorgei*		+	+
皮状席藻 *Phormidium corium*	+	+	+
螺旋弓形藻 *Schroederia spiralis*			+
弓形藻 *Schroederia setigera*			+
小球藻 *Chlorella vulgaris*			+
长刺顶棘藻 *Chodatella longiseta*			+
纤毛顶棘藻 *Chodatella ciliata*			+
阿氏浮丝藻 *Planktothrix agardhii*			+
绿藻门 Chlorophyta			
逗点衣藻 *Chlamydomonas komma*	+	+	+
盘藻 *Gonium pectorale*			+
实球藻 *Pandorina morum*		+	+
空球藻 *Eudorina elegans*		+	+
湖生四孢藻 *Tetraspora lacustris*			+
多芒藻 *Golenkinia radiata*			+
十字顶棘藻 *Chodatella wratislaviensis*			+
三角四角藻 *Tetraedron trigonum*			+
微小四角藻 *Tetraedron minimum*			+
蹄形藻 *Kirchneriella lunaris*			+
月牙藻属一种 *Selenastrum* sp.			+
针形纤维藻 *Ankistrodesmus acicularis*		+	+
镰形纤维藻 *Ankistrodesmus falcatus*			+
单生卵囊藻 *Oocystis solitaria*			+
椭圆卵囊藻 *Oocystis elliptica*			+
肾形藻 *Nephrocytium agardhianum*			+

续表

种类	1958年（波鲁茨基等，1959）	1992～1993年（邬红娟等，1996）	2008～2009年（殷大聪，2010）
柯氏并联藻 *Quadrigula chodatii*			+
群星藻 *Sorastrum americanum*			+
集星藻 *Actinastrum hantzschii*			+
二角盘星藻 *Pediastrum duplex*			+
单角盘星藻 *Pediastrum simplex*	+	+	+
四角盘星藻 *Pediastrum tetras*			+
二角盘星藻某一变种 *Pediastrum* sp.			+
双对栅藻 *Scenedesmus bijugatus*	+		+
四尾栅藻 *Scenedesmus quadricauda*			+
斜生栅藻 *Scenedesmus obliquus*			+
弯曲栅藻 *Scenedesmus arcuatus*			+
二形栅藻 *Scenedesmus dimorphus*			+
丛球韦斯藻 *Westella botryoides*			+
单棘四星藻 *Tetrastrum hastiferum*			+
四角十字藻 *Crucigenia quadrata*			+
华美十字藻 *Crucigenia lauterbornii*			+
空星藻 *Coelastrum sphaericum*			+
水绵属一种 *Spirogyra* sp.		+	+
中带鼓藻 *Mesotaenium endlicherianum*		+	+
月牙新月藻 *Closterium cynthia*			+
纤细新月藻 *Closterium gracile*			+
华美凹顶鼓藻 *Euastrum elegans*			+
单角角星鼓藻 *Staurastrum unicorne*			+
尖头角星鼓藻 *Staurastrum cuspidatum*			+
弯曲角星鼓藻 *Staurastrum inflexum*			+
光滑鼓藻 *Cosmarium laeve*		+	+
硅藻门 Bacillariophyta			
颗粒直链藻 *Melosira granulata*		+	+
颗粒直链藻极狭变种 *Melosira granulata* var. *angustissima*			+
螺旋直链藻极狭变种螺旋变型 *Melosira granulata* var. *angustissima* f. *spiralis*			+
变异直链藻 *Melosira varians*			+
科曼小环藻 *Cyclotella comensis*		+	+
梅尼小环藻 *Cyclotella meneghiniana*			+
库津小环藻 *Cyclotella kuetzingiana*			+
刚毛藻属一种 *Cladophora* sp.		+	
杂球藻属一种 *Pleodorina* sp.		+	

续表

种类	1958 年（波鲁茨基等，1959）	1992～1993 年（郐红娟等，1996）	2008～2009 年（殷大聪，2010）
转板藻属一种 *Mougeotia* sp.		+	
小双胞藻 *Geminella minor*		+	
新星形冠盘藻 *Stephanodiscus astraea*			+
圆筛藻属一种 *Coscinodiscus* sp.			+
长刺根管藻 *Rhizosolenia longiseta*			+
扎卡四棘藻 *Attheya zachariasi*			+
湖沼四环藻 *Tetracyclus lacustris*			+
窗格平板藻 *Tabellaria fenestrata*			+
普通等片藻 *Diatoma vulgare*			+
弧形蛾眉藻 *Ceratoneis arcus*			+
钝脆杆藻 *Fragilaria capucina*	+	+	+
短线脆杆藻 *Fragilaria brevistriata*			+
羽纹脆杆藻 *Fragilaria pinnata*			+
菱形藻属一种 *Nitzschia* sp.		+	
尖针杆藻 *Synedra acus*			+
肘状针杆藻 *Synedra ulna*			+
双头针杆藻 *Synedra amphicephala*			+
美丽星杆藻 *Asterionella formosa*			+
月形短缝藻 *Eunotia lunaris*			+
尖布纹藻 *Gyrosigma acuminatum*			+
双头辐节藻 *Stauroneis anceps*			+
微小舟形藻 *Navicula minima*	+	+	+
膨胀桥弯藻 *Cymbella tumida*		+	+
优美桥弯藻 *Cymbella delicatula*			+
平滑桥弯藻 *Cymbella laevis*			+
草鞋形波缘藻 *Cymatopleura solea*		+	+
尖异极藻 *Gomphonema acuminatum*			+
扁圆卵形藻 *Cocconeis placentula*			+
波缘曲壳藻 *Achnanthes crenulata*			+
优美曲壳藻 *Achnanthes delicatula*			+
斑纹窗纹藻 *Epithemia zebra*			+
双尖菱板藻 *Hantzschia amphioxys*			+
谷皮菱形藻 *Nitzschia palea*			+
窄双菱藻 *Surirella angustata*	+	+	+
线形双菱藻 *Surirella linearis*			+
金藻门 Chrysophyta			+

续表

种类	1958 年（波鲁茨基等，1959）	1992～1993 年（邬红娟等，1996）	2008～2009 年（殷大聪，2010）
分歧锥囊藻 *Dinobryon divergens*		+	+
伸长鱼鳞藻 *Mallomonas producta*			+
甲藻门 Pyrophyta			
二角多甲藻 *Peridinium bipes*	+	+	+
角甲藻 *Ceratium hirundinella*	+	+	+
裸藻门 Euglenophyta			
膝曲裸藻 *Euglena geniculata*		+	+
绿色裸藻 *Euglena viridis*			+
敏捷扁裸藻 *Phacus agilis*			+
隐藻门 Cryptophyta			
尖尾蓝隐藻 *Chroomonas acuta*			+
卵形隐藻 *Cryptomonas ovata*	+		+
啮蚀隐藻 *Cryptomonas erosa*	+		+

注：“+”表示调查中出现过

殷大聪（2010）从丹江口水库 10 个采样点通过周年季节采样，共鉴定出浮游植物 7 门 76 属 117 个分类单元，以绿藻门和硅藻门为优势类群。不同月份采集到的浮游植物种类数有所差异，其中 8 月采集到的种类组成最丰富，共鉴定出 113 个分类单元，绿藻门的种类最多，达到 47 个分类单元。浮游植物密度最大值也出现在 8 月，达到 14.72×10^6 个/L。王英华等（2016）对丹江口水库 14 个采样点进行了周年季节采样，共鉴定出浮游植物 66 种，隶属于 7 门 21 科 38 属。其中，绿藻门 13 属 26 种，硅藻门 9 属 21 种，蓝藻门 8 属 9 种，甲藻门 3 属 3 种，隐藻门 2 属 4 种，裸藻门 2 属 2 种，金藻门 1 属 1 种。硅藻门生物量占所有门类总生物量的 62.85%，绿藻门生物量占总生物量的 21.55%，蓝藻门生物量占总生物量的 7.99%。

但上述两次采样均未采到 20 世纪 80 年代曾出现的黄藻门的黄丝藻（杨广等，1996），仅在申恒伦等（2011）调查中出现过。

3.1.2 浮游植物的优势种及其与环境因子的关系

王英华等（2016）调查发现，丹江口水库浮游植物的优势种分别是硅藻门的中型脆杆藻（*Fragilaria intermedia*）和颗粒直链藻（*Melosira granulata*），以及绿藻门的双对栅藻（*Scenedesmus bijugatus*）和单生卵囊藻（*Oocystis solitaria*），其中中型脆杆藻所占比例最大，平均生物量为 0.089mg/L，占总生物量的 25.43%，这与邬红娟等（1996）对丹江口水库调查得到的中型脆杆藻生物量相比增加了 2 倍。由于脆杆藻更适宜在中营养水质中生存的生理特性（Salnaso et al.，2003），王英华等（2016）推测近年来丹江口水库中营养水平是脆杆藻生物量增加的主要原因。有趣的是，丹江口水库浮游植物优势种的年际变化非常显著，如 2014～2015 年的结果（王英华等，2016）就与 2008～2009 年显著不同（表 3-2），其中的原因还有待进一步研究。

丹江口水库浮游植物的优势种类季节变化也比较大（表 3-2），分析发现浮游植物优势种类的出现主要与溶解性总磷、水温、溶解性硅、pH、透明度和溶解性总氮有着较好的相关性，与水体深度没有显著的关系。其中，二角多甲藻和冠盘藻的分布与水温有着明显的负相关关系，美丽星藻与透明度和 pH 有着显著的正相关关系（Yin et al.，2011）。

表 3-2　丹江口水库浮游植物优势种类（个体百分比大于 3%）（引自殷大聪，2010）

调查日期	2008 年 8 月	2008 年 11 月	2008 年 12 月	2009 年 3 月	2009 年 5 月
冠盘藻属一种 *Stephanodiscus* sp.			+	+	
尖针杆藻 *Synedra acus*	+	+	+		+
颗粒直链藻 *Melosira granulata*		+	+	+	
微小舟形藻 *Navicula minima*				+	
小环藻属一种 *Cyclotella* sp.	+	+	+		+
美丽星杆藻 *Asterionella formosa*				+	+
柯氏并联藻 *Quadrigula chodatii*	+				
角星鼓藻属一种 *Staurastrum* sp.		+			
空星藻 *Coelastrum sphaericum*					+
单生卵囊藻 *Oocystis solitaria*	+				+
小球藻 *Chlorella vulgaris*	+	+			
针形纤维藻 *Ankistrodesmus acicularis*		+	+		
三角四角藻 *Tetraedron trigonum*			+		
肾形藻 *Nephrocytium agardhianum*					+
四角十字藻 *Crucigenia quadrata*	+				+
斜生栅藻 *Scenedesmus obliquus*	+				+
逗点衣藻 *Chlamydomonas komma*	+	+	+	+	+
拟浮丝藻属一种 *Planktothricoides* sp.	+				
水华束丝藻 *Aphanizomenon flos-aquae*			+	+	
水华微囊藻 *Microcystis flos-aquae*	+	+			+
席藻属一种 *Phormidium* sp.	+	+	+		
啮蚀隐藻 *Cryptomonas erosa*	+	+	+		+
分歧锥囊藻 *Dinobryon divergens*				+	+
二角多甲藻 *Peridinium bipes*				+	

注：“+”表示调查中出现过

3.1.3　浮游植物群落的季节演替

近10年来，丹江口水库浮游植物群落的季节变化与演替有详细的调查资料。2007～2008年的调查结果显示，春季浮游植物以硅藻-蓝藻型为主，夏、秋季演替成隐藻-蓝藻型，冬季发展为硅藻-隐藻-甲藻型，春季和秋季硅藻所占比例最大（申恒伦等，2011）。2009～2010年春、秋和冬季硅藻在数量上占绝对优势，夏季蓝藻为优势门类（谭香等，2011）。2014～2015年，浮游植物总体平均生物量春季最大，达0.508mg/L，冬季最低，仅为0.112mg/L（图3-1）；从浮游植物主要门类来看，春、秋和冬季硅藻门生物量最大，明显高于其他门类，夏季蓝藻和绿藻为优势门类（图3-2）。但申恒伦等（2011）在2007～2008年的调查中发现，丹江口

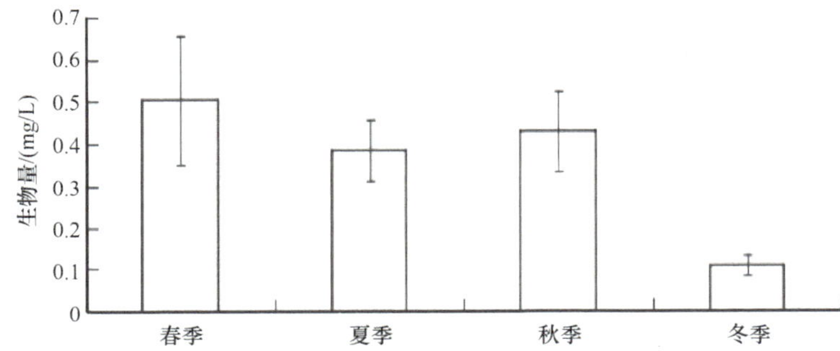

图3-1　丹江口水库浮游植物生物量的季节变化（引自王英华等，2016）

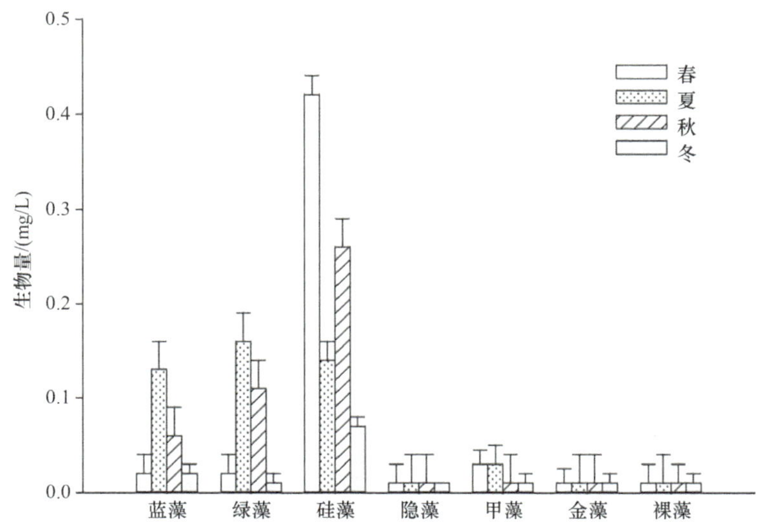

图3-2　丹江口库区主要浮游植物门类生物量的季节变化（引自王英华等，2016）

水库浮游植物冬季密度最大，达 7.17×10^6 个/L，并认为这种差异主要是由于冬季五青入库区暴发拟多甲藻水华。

1958 年丹江口库区硅藻门生物量占总生物量的 92.30%，是硅藻型水库（波鲁茨基等，1959），2014～2015 年硅藻门和绿藻门生物量共占总生物量的 84.40%，其中绿藻门生物量占比增加至 21.55%，已转变为硅藻-绿藻型水库，浮游植物平均生物量为 0.35mg/L，平均密度为 9.08×10^5 个/L（王英华等，2016）（表 3-3）。

表 3-3　丹江口库区浮游植物主要类群、密度与水质演变

浮游植物密度/（$\times10^4$ 个/L）	总氮/（mg/L）	总磷/（mg/L）	采样频次（样点数）	硅藻：绿藻：蓝藻（种类数之比）	采样时间	资料来源
7.22～44.61^{r}	0.037～0.617^{r}	0.009～0.062^{r}	2（6 个断面）	81：4：0（分类单元）	1958	波鲁茨基等，1959
107.8^{a}	—	—	4（7）	—	1986～1987	杨广等，1996
—	0.524～0.642^{r}	0.013～0.404^{r}	12（4）	—	1987～1996	尹魁浩等，2001
42.18^{a}	—	—	4（12）	11：12：7（属）	1992～1993	邬红娟等，1996
42.6^{a} 1.2～312^{r}	0.84^{a}	0.042^{a}	4（13）	—	1992～1993	韩德举等，1997
37.65～74.09^{r}	0.614～0.835^{r}	0～0.005^{r}	4（3）	35：22：8（分类单元）	2004	李玉英等，2008
109.33^{a}	0.614～0.835^{r}	0～0.005^{r}	4（3）	43：32：11（分类单元）	2003～2005	张乃群等，2006
97.64～126.61^{r}	0.614～0.835^{r}	0～0.006^{r}	4（3）	43：32：11（分类单元）	2004～2006	庞振凌等，2008
34.16～80.64^{r}	0.555～0.955^{r}	0～0.005^{r}	4（3）	—	2004～2006	赵丽英等，2009
417.49^{a} 4.70～9046.62^{r}		0.039～0.564	4（14）	35：46：15	2007～2008	申恒伦等，2011
201.00^{a} 19.93～1472.08^{r}	1.27^{a} 0.83～1.86^{r}	0.036^{a} 0.013～0.059^{r}	5（10）	39：47：19（分类单元）	2008～2009	殷大聪，2010
90.8	1.436	0.039	4（14）	21：26：9	2014～2015	王英华等，2016

注：右上角的字母 a 和 r 分别表示平均值和范围

3.1.4　浮游植物群落的空间分布特征

Yin 等（2011）从水平和垂直（0.5m、5m、10m 和 20m）两个维度研究了丹江口水库浮游植物的空间分布，发现不同位点之间浮游植物密度有着极显著的差异，但不同的深度之间这种差异不是特别显著，部分采样点浮游植物密度由表层到底层逐渐降低，呈现出一定规律的垂直分布格局。另外，2009 年 5 月的调查发现，浮游植物的密度分布表现出显著的空间差异性，距离丹江口水库大坝较近的位点浮游植物密度明显高于丹江库区内各个位点，但在垂直分布上没有明显梯度（图 3-3）。王英华等（2016）也发现汉库浮游植物生物量（0.49mg/L）高于丹库（0.25mg/L），且两个水域的种类组成也明显不同，汉库优势类群为硅藻门，丹库则为绿藻门。

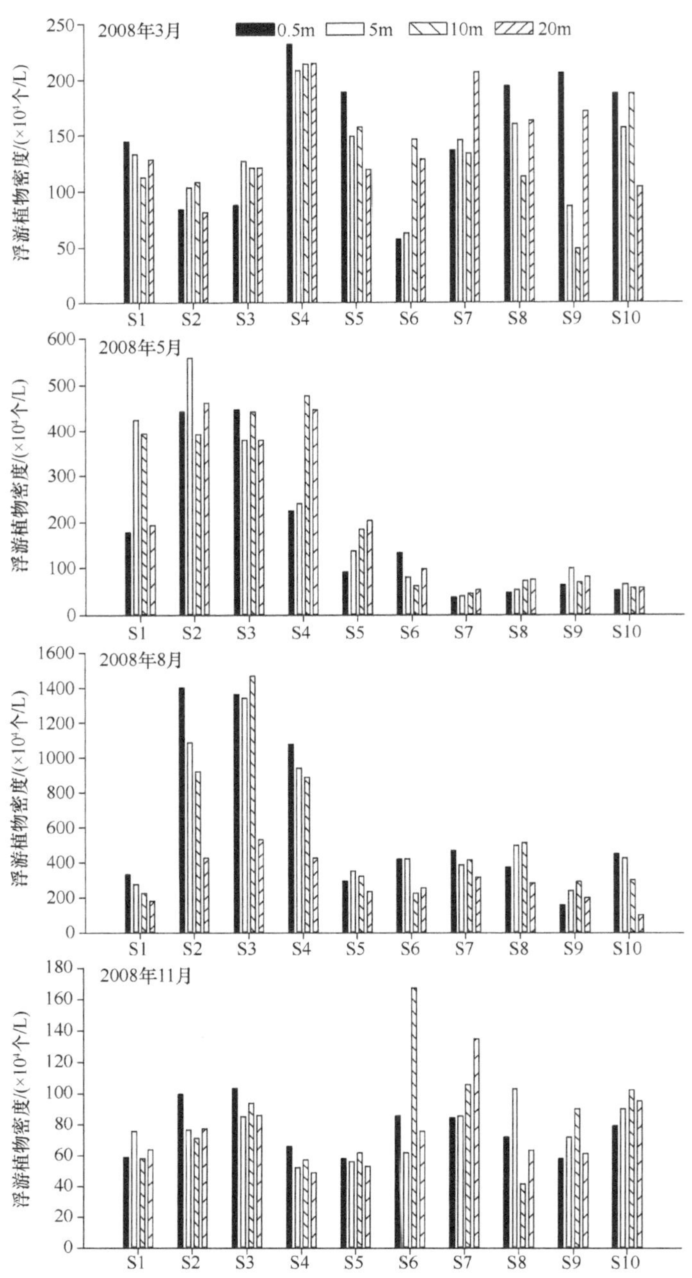

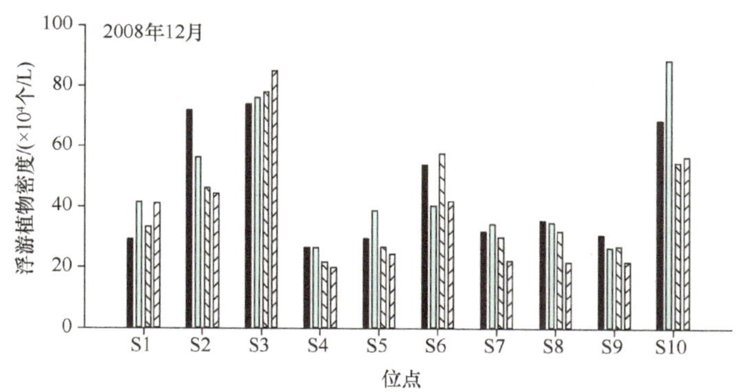

图 3-3　丹江口水库浮游植物丰度的空间分布（引自 Yin et al.，2011）

3.1.5　浮游植物群落的多样性

丹江口水库水域面积广，汉库和丹库的水环境具有一定的异质性，浮游植物多样性较高。Yin 等（2011）在 2008～2009 年开展了丹江口水库浮游植物多样性研究，浮游植物的香农-维纳指数（Shannon-Wiener 指数）周年为 0.23～2.18，其中 8 月较高（平均为 1.75），3 月最低（平均为 0.71）；在空间上，坝前各个位点的 Shannon-Wiener 指数较其他水域更高。辛普森多样性指数（Simpson 指数）为 0.10～0.94，8 月最高，空间变异不明显。以 Margalef 指数表征的丰富度指数也是 8 月最高，5 月次之，12 月较低。Pielou 均匀度指数在 11 月较高，3 月普遍较低。谭香等(2011)开展过类似研究，采用 Margalef 指数、Shannon-Wiener 指数、Simpson 指数和 Pielou 均匀度指数评估整个库区的浮游植物多样性，发现的规律有所不同，Shannon-Wiener 指数、Simpson 指数、Pielou 均匀度指数均呈现秋、夏、春到冬季依次减小，秋季分别为 2.08、0.77 和 0.65，冬季分别为 0.85、0.32 和 0.28。此外，谭香等（2011）发现丹江口水库浮游植物多样性特征未呈现明显的空间差异。

3.2　浮游动物资源及其演变

浮游动物在水生态系统中同时担任着捕食者和被捕食者的角色。在淡水水域，一般浮游动物有原生动物（Protozoa）、轮虫（Rotifera）、枝角类（Cladocera）和桡足类（Copepoda）四大类（陈光荣和李传红，2008）。目前，对丹江口水库建成前后的浮游动物研究较多。最早关于汉江和丹江流域浮游动物资源的调查是由中国科学院水生生物研究所与苏联专家波鲁茨基合作完成的，该工作开展于 1958 年，并于 1959 年发表调查结果（波鲁茨基等，1959），为丹江口水库建坝前的浮游动物资源状况分析提供了历史背景资料。大坝建成后，国内众多学者分别于 1986～1987 年（杨广等，1996）、1992～1993 年（彭建华，1995；韩德举等，1997）、

2001～2002 年（Han and Liu，2011）、2004～2006 年（李玉英等，2007b）、2007～2008 年（孔令惠等，2010）、2010 年（Li et al.，2012）、2012 年（胡兰群等，2014）、2013～2015 年（凡盼盼，2015；王俊健，2015；王晨溪等，2016）就丹江口水库浮游动物群落开展了跟踪调查。

3.2.1 浮游动物种类组成及其演变

丹江口水库建成前后的历史调查研究共发现了浮游动物四大类群 91 种（表 3-4）。总体而言，浮游动物种类数在建坝之前较少，建坝蓄水后随着新的生态系统的稳定和成熟而逐渐增多，以 20 世纪 90 年代后种类数增加最快（波鲁茨基等，1959；杨广等，1996），浮游动物类群由河流型逐渐转变为湖泊型。轮虫和桡足类密度先增加后减少，原生动物和枝角类密度则持续增加，优势类群由肉足类和少数轮虫、甲壳类转变为纤毛类与适宜在开阔水域生存的轮虫及甲壳类。主要原因可能是建坝前汉江和丹江流域属于河流型生境，水流较急，水体泥沙含量较高，饵料资源（浮游植物和有机碎屑）较少，不适宜大多数浮游动物的生存；建坝后该水域水流减缓，水体类型类似湖泊，生态环境趋于成熟，浮游植物种类和数量的增加为浮游动物提供了充足的饵料资源。

表 3-4 丹江口水库浮游动物名录

种类	1958 年（波鲁茨基等，1959）	1992～1993 年（彭建华，1995）	2013～2015 年（凡盼盼，2015）
原生动物 Protozoa			
绿刺日虫 *Raphidiophrys viridis*			+
放射太阳虫 *Actinophrys sol*			+
杂葫芦虫 *Cucurbitella mespiliformis*			+
褐砂壳虫 *Difflugia avellana*	+		+
有棘鳞壳虫 *Euglypha acanthophora*			+
矛状鳞壳虫 *Euglypha laevis*			+
王氏似铃壳虫 *Tintionnopsis wangi*	+		+
恩氏筒壳虫 *Tintinnidium entzii*			+
长钟虫 *Vorticella elongata*			+
钟形钟虫 *Vorticella campanula*	+		+
团球领鞭虫 *Sphaeroeca volvox*			+
匣壳虫属一种 *Centropyxis* sp.	+		
法帽虫属一种 *Phryganella* sp.	+		

续表

种类	1958 年（波鲁茨基等，1959）	1992～1993 年（彭建华，1995）	2013～2015 年（凡盼盼，2015）
表壳虫属一种 *Arcella* sp.	+		
累枝虫属一种 *Epistylis* sp.	+		
侠盗虫属一种 *Strobilidium* sp.	+		
弹跳虫属一种 *Halteria* sp.	+		
轮虫 Rotifera			
巨头轮虫属一种 *Cephalodella* sp.	+		
前节晶囊轮虫 *Asplanchna priodonta*	+		+
蒲达臂尾轮虫 *Brachionus budapestiensis*			+
疣毛轮虫属一种 *Synchaeta* sp.	+		
壶状臂尾轮虫 *Brachionus urceus*			+
萼花臂尾轮虫 *Brachionus calyciflorus*	+		+
螺形龟甲轮虫 *Keratella cochlearis*	+		+
矩形龟甲轮虫 *Keratella quadrata*			+
唇形叶轮虫 *Notholca labis*			+
月形腔轮虫 *Lecane luna*	+		+
罗氏腔轮虫 *Lecane ludwigii*			+
蹄形腔轮虫 *Lecane ungulata*			+
长圆腔轮虫 *Lecane ploenensis*			+
共趾腔轮虫 *Lecane sympoda*			+
囊形单趾轮虫 *Monostyla bulla*	+		+
四齿单趾轮虫 *Monostyla quadridentata*			+
月形单趾轮虫 *Monostyla lunaris*			+
没尾无柄轮虫 *Ascomorpha ecaudis*	+		+
长肢多肢轮虫 *Polyarthra dolichoptera*			+
小多肢轮虫 *Polyarthra minor*			+
针簇多肢轮虫 *Polyarthra trigla*			+
广布多肢轮虫 *Polyarthra vulgaris*			+
长三肢轮虫 *Filinia longiseta*			+
扁平泡轮虫 *Pompholyx complanata*			+
沟痕泡轮虫 *Pompholyx sulcata*			+
圆筒异尾轮虫 *Trichocerca cylindrica*			+
鼠轮虫属 *Trichocerca*	+		

续表

种类	1958 年（波鲁茨基等，1959）	1992～1993 年（彭建华，1995）	2013～2015 年（凡盼盼，2015）
鬚足轮虫属 *Euchlanis*	+		
狭甲轮虫属 *Colurella*			
枝角类 Cladocera			
简弧象鼻溞 *Bosmina coregoni*		+	+
长额象鼻溞 *Bosmina longirostris*			+
颈沟基合溞 *Bosminopsis deitersi*		+	
底栖泥溞 *Ilyocryptus sordidus*		+	
秀体尖额溞 *Alona diaphana*		+	
矩形尖额溞 *Alona rectangula*		+	
点滴尖额溞 *Alona guttata*		+	
肋形尖额溞 *Alona costata*		+	
吻状异尖额溞 *Disparalona rostrata*		+	
短尾秀体溞 *Diaphanosoma brachyurum*		+	
长肢秀体溞 *Diaphanosoma leuchtenbergianum*		+	
三角平直溞 *Pleuroxus trigonellus*		+	
圆形盘肠溞 *Chydorus sphaericus*		+	
小栉溞 *Daphnia cristata*			+
僧帽溞 *Daphnia cucullata*			+
长刺溞 *Daphnia longispina*			+
透明溞 *Daphnia hyalina*		+	
透明薄皮溞 *Leptodora kindti*		+	+
大型溞 *Daphnia magna*			+
蚤状溞 *Daphnia pulex*			+
角突网纹溞 *Ceriodaphnia cornuta*		+	+
方形网纹溞 *Ceriodaphnia quadrangula*		+	
桡足类 Copepodsa			
沟渠异足猛水蚤 *Canthocamptus staphylinus*			+
隆脊异足猛水蚤 *Canthocamptus carinatus*		+	
绥芬跛足猛水蚤 *Mesochra suifunensis*		+	
模式有爪猛水蚤 *Onychocamptus mohammed*			+
大剑水蚤属 *Macrocyclops*	+	+	
球状许水蚤 *Schmackeria forbesi*		+	

续表

种类	1958 年（波鲁茨基等，1959）	1992～1993 年（彭建华，1995）	2013～2015 年（凡盼盼，2015）
右突新镖水蚤 *Neodiaptomus schmackeri*		+	
中华原镖水蚤 *Eodiaptomus sinensis*		+	
特异荡镖水蚤 *Neutrodiaptomus incongruens*		+	
汤匙华哲水蚤 *Sinocalanus dorrii*		+	
等刺温剑水蚤 *Thermocyclops kawamurai*			+
台湾温剑水蚤 *Thermocyclops taihokuensis*		+	
短尾温剑水蚤 *Thermocyclops brevifurcatus*		+	
虫宿温剑水蚤 *Thermocyclops vermifer*		+	
锯缘真剑水蚤 *Eucyclops serrulatus*		+	
锯齿真剑水蚤 *Eucyclops macruroides*		+	
毛饰拟剑水蚤 *Paracyclops fimbriatus*		+	
胸饰外剑水蚤 *Ectocyclops phaleratus*		+	
近邻剑水蚤 *Cyclops vicinus*		+	
跨立小剑水蚤 *Microcyclops varicans*		+	
北碚中剑水蚤 *Mesocyclops pehpeiensis*		+	
广布中剑水蚤 *Mesocyclops leuckarti*		+	

注：“+”表示调查中出现过

具体来看，1958 年建坝前，汉江和丹江流域浮游动物种类相似，种数均较少（波鲁茨基等，1959）。1986～1987 年检测出的浮游动物有 45 属（杨广等，1996）49 种，其中原生动物 20 种，轮虫 15 种，枝角类 11 种，桡足类 3 种。彭建华（1995）和韩德举等（1997）的调查共发现了 124 种浮游动物，其中原生动物 37 种，轮虫 51 种，枝角类 17 种，桡足类 19 种。Han 和 Liu（2011）鉴定出 114 种，其中原生动物 30 种，轮虫 50 种，枝角类 18 种（优势类群是盘肠蚤科），桡足类 16 种（优势类群为剑水蚤目）。孔令惠等（2010）对丹江口水库的轮虫群落进行了周年调查，发现轮虫 62 种，其中丹江库区 30 种，汉江库区 54 种。Li 等（2012）的调查共发现浮游动物 154 种，其中轮虫种类最多，占 35%，其他依次为桡足类、原生动物和枝角类，其中中营养型污水指示种有 6 种，无超营养型污水指示种。凡盼盼（2015）对丹江口水库 10 个采样点的浮游动物开展了为期 2 周年的季度监测，共鉴定出浮游动物 5 类 151 种，隶属于 60 科 83 属，以轮虫最多（62 种），原生动物次之（43 种），枝角类 25 种，桡足类 17 种，其他节肢动物 4 种；秋季的种类数最少（22 种），春季最多（43 种）。

在空间分布上，丹江口水库入库支流共鉴定出浮游动物 61 种，其中原生动物 16 种，轮虫 30 种，枝角类 10 种，桡足类 5 种，时间上表现为夏季和秋季数量较多，春季和冬季数量较少，在沙质性底质区域，常年挖沙导致水体环境变化大，浮游生物数量较少。丹库采集的浮游动物种类数远多于入库支流的种类数，轮虫最多（30 种），原生动物 24 种，枝角类 13 种，桡足类 12 种；汉库共鉴定出浮游动物 82 种，总数量与丹库相近，轮虫在汉库的种类组成中所占比例最大，为 31 种，原生动物 24 种，枝角类 14 种，桡足类 13 种（凡盼盼，2015）。丹江口水库浮游动物优势种见表 3-5。

表 3-5　丹江口水库浮游动物优势种（引自凡盼盼，2015）

中文名	拉丁学名	2014 年				2015 年		
		1 月	5 月	7 月	10 月	1 月	5 月	7 月
螺形龟甲轮虫	*Keratella cochlearis*	+						
长额象鼻溞	*Bosmina longirostris*	+	+				+	
方形网纹溞	*Ceriodaphnia quadrangula*		+					
蚤状溞	*Daphnia pulex*	+		+	+			
臂尾轮虫属	*Brachionus* sp.	+	+			+	+	
猛水蚤属	*Harpacticus* sp.	+	+	+	+	+	+	+
哲水蚤属	*Megacalanus* sp.			+	+	+	+	
多肢轮虫属	*Polyarthra* sp.		+		+	+	+	+
鞍甲轮虫属	*Lepadella* sp.	+	+			+		
晶囊轮虫属	*Asplanchna* sp.					+		+

注：“+”表示调查中出现过

总体来说，大坝蓄水前后浮游动物经历了从以桡足类为主、轮虫和甲壳动物稀少的群落结构，过渡到以纤毛类、敞水性轮虫和营浮游生活的甲壳类为主的发展过程。

3.2.2　浮游动物密度和生物量及其时空动态

丹江口水库浮游动物密度和生物量近 60 年的变化趋势表明，浮游动物数量不断增加，以原生动物数量增加最快，尤以 2000 年后最快。水库完成蓄水后，90 年代开始浮游动物生物量大幅增加，主要是大型甲壳动物枝角类和桡足类生物量大量上升。2010 年后，浮游动物各类群密度和生物量继续上升，而种类数有所下降（包洪福，2013）（图 3-4，图 3-5）。

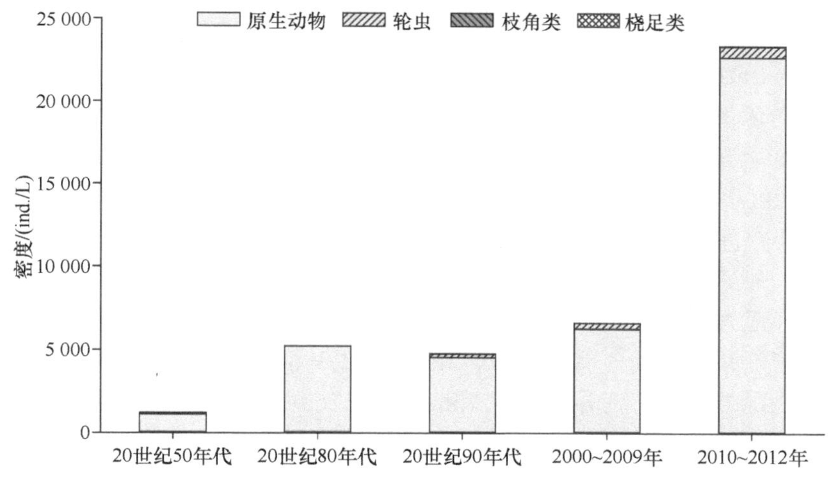

图 3-4　丹江口水库浮游动物密度变化趋势（引自包洪福，2013）

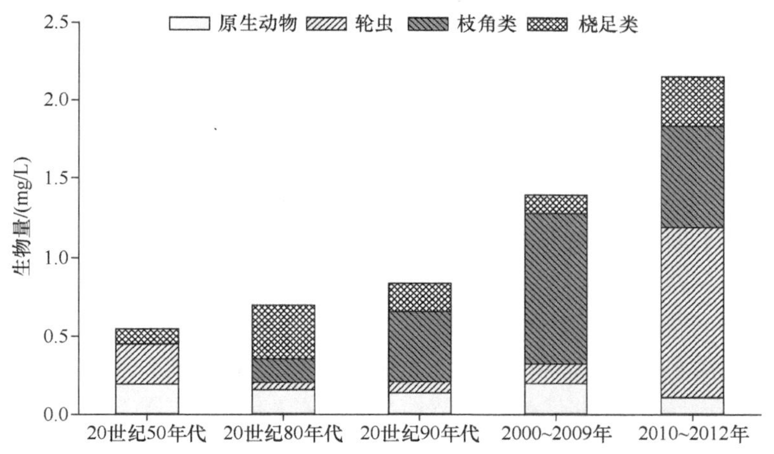

图 3-5　丹江口水库浮游动物生物量变化趋势（引自包洪福，2013）

1958 年，丹江和汉江水域轮虫种类虽多，但是各种个体数量极少，桡足类的密度更少，枝角类则完全没有采集到。季节上，入库河流和库区内的浮游动物密度均存在显著的季节差异，表现为秋季高于春季。丹江口市位于汉江和丹江汇合口下游，浮游动物数量最多，均县次之，郧县最少。此外，丹江的浮游动物数量较汉江的多，生物量亦为秋季高于春季（波鲁茨基等，1959）。

1986～1987 年，丹江口水库浮游动物月平均密度为 4940.578ind./L，其中原生动物 4922ind./L，轮虫 1.625ind./L，枝角类 2.560ind./L，桡足类 14.393ind./L，汉库的堵河口和位于丹库的丹江口月平均密度最高。丹江口水库浮游动物的月平均生物量为 0.646mg/L，原生动物为 0.148mg/L，轮虫为 0.032mg/L，枝角类 0.128mg/L 和桡足类 0.338mg/L，全年以位于汉库的浪河口和位于丹库的丹江口为最高。时间上，夏季密度和生物量最高，冬季密度和生物量最低（杨广等，1996）。

1992～1993 年的年平均密度和生物量分别为 4782ind./L 和 0.84mg/L，密度呈现秋季最高冬季最低，主要受原生动物影响；生物量则表现为夏季最高冬季最低，受枝角类影响最大。从空间分布上来看，汉库的浮游动物密度和生物量分别为 5470ind./L 和 0.587mg/L，丹库分别为 3575ind./L 和 0.939mg/L，汉库原生动物密度明显高于丹库，导致总的浮游动物密度也高于丹库。丹库的枝角类和桡足类生物量较大，促使丹库的总生物量也较高（韩德举等，1997）。

华中师范大学和湖北省野生动植物保护总站在 2003 年的调查中发现，浮游动物年平均密度和生物量分别为 6616.4ind./L 和 1.396mg/L，其中原生动物、轮虫、枝角类和桡足类平均密度分别为 6275ind./L、326ind./L、4.1ind./L 和 11.3ind./L，平均生物量分别为 0.1980mg/L、0.1264mg/L、0.9565mg/L 和 0.1150mg/L。时间上，密度和生物量的季节变化均为夏季最高，冬季最低。空间上，汉库的浮游动物密度高，但由于原生动物较小，生物量反而较低；丹库密度较小，但大型浮游动物比例高，生物量较高。

2007～2008 年，针对轮虫的研究发现，库区轮虫的平均密度和生物量分别为 579ind./L 和 0.149mg/L，密度的季节变化较大，秋季最高（830ind./L），冬季最低（262ind./L）。轮虫生物量的季节变化不明显，秋季稍高。轮虫密度和生物量在空间上表现为五青入库区 > 汉库 > 陶岔 > 丹库（孔令惠等，2010）。

2012 年，丹库浮游动物的平均密度为 23 395ind./L，各监测点间密度差异显著，变化范围为 2752～121 505ind./L，原生动物对密度的贡献率最大，其次为轮虫，大型浮游动物枝角类和桡足类数量较少。丹库浮游动物的平均生物量为 3.10mg/L，监测点间的差距亦较大，变化范围为 0.90～9.44mg/L，生物量组成上依旧是原生动物和轮虫占优势，无节幼体生物量也占一定比例（包洪福，2013）。

3.2.3 浮游动物群落多样性及其时空动态

王晨溪等（2016）对丹江口水库及南阳段干渠调水前后浮游动物多样性进行调查（图 3-6），结果表明各样点调水后（通水后）Shannon-Wiener 指数较调水前低，且在调水后的 2 月降到最低（1.38），5 月后各监测点 Shannon-Wiener 指数均上升，并恢复到最高值（3.33），此时水质较好，这可能与季节变化及水源区生态保护有关。

凡盼盼（2015）采用 Shannon-Wiener 指数研究浮游动物多样性的时空动态，发现各季度 Shannon-Wiener 指数为 0.69～2.53，均值为 1.82。季节变化明显，冬季出现最大值，夏季和秋季均值较大，春季最小。空间变化不显著，但丹库多样性指数大于入库支流和汉库。Margalef 指数主要反映群落物种的丰富度，在库区

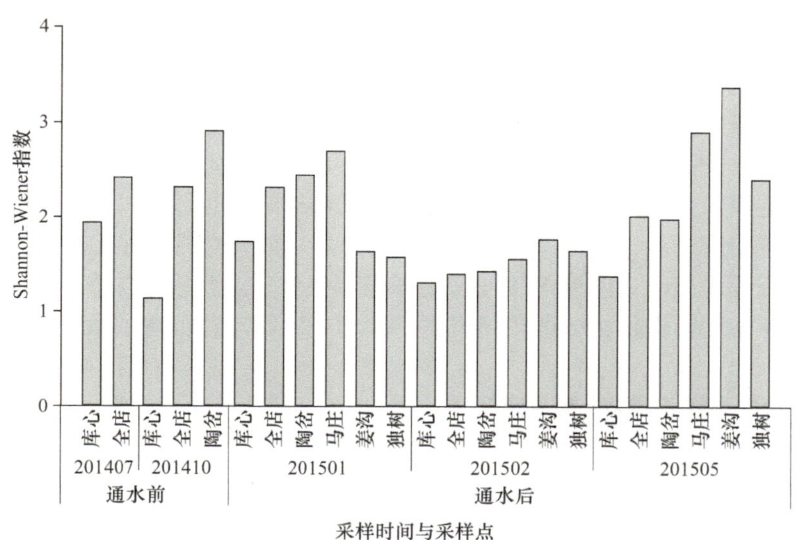

图 3-6　丹江口水库及南阳段干渠调水前后浮游动物的 Shannon-Wiener 指数
（引自王晨溪等，2016）

为 1.12～6.06，均值为 3.23，其中夏季最大，秋季和春季次之，冬季最小，变化规律与 Shannon-Wiener 指数刚好相反。空间上，入库支流的 Margalef 指数最大（3.48），丹库次之，汉库最小，但三个水域均值均相对较大，物种相对较丰富。Pielou 均匀度指数在各采样季度为 0.43～0.99，均值为 0.88，但季节变化不明显，最大值出现在冬季，秋季最小；入库支流、丹库和汉库的 Pielou 均匀度指数变化不大。

3.2.4　浮游动物群落结构与环境因子的关系

水环境影响生物种群和群落的结构特征，生物个体、种群和群落的变化也可以客观反映水体质量的变化规律。水环境可以通过水质、水位、水温、透明度等方面影响浮游动物群落结构。

丹库和汉库浮游动物群落结构差异与两个库区水质状况和环境密切相关。汉库回水距离长，沿途众多河流汇入，周边植被较少，两岸人口多，工厂密布，受人类活动干扰较大；丹库水面开阔，两岸人口密度低，工厂少，受人类生活和生产活动干扰较小，水库进出水调度大，水质状况较好。由于丹库水体中营养盐、藻类等饵料资源丰富度均低于汉库，因此浮游动物丰度低于汉库（孔令惠等，2010）。

南水北调中线工程的水源地是丹江口水库，因工程需要，水库蓄水位由原来的 157m 升至 170m，水位增加 13m，而浮游动物主要生活在上层水体，蓄水完成后，浮游动物生活水层也上移，因此，水位上升对浮游动物群落产生的直接影响不大。

水温也是影响浮游动物生存、生长、发育、繁殖的重要环境因子，温度过高或过低都会导致浮游动物的滞育。但是深水水体的水温在水体中的分层分布与水深有关，水位升高后不同水层温差变化不大，由于浮游动物生活水层不变，水温升高并未造成水温结构的较大变化，对浮游动物的影响也较小。

水体透明度是通过影响浮游植物从而对浮游动物产生影响的。浮游植物的生长和繁殖需要光照，透明度的改变影响了光照条件，透明度增加有利于浮游植物生长，为浮游动物提供更多的饵料资源，有利于浮游动物群落的发展。

3.3 底栖动物资源及其演变

底栖动物是水生态系统的重要组分，不仅可以充当分解者的角色对水体沉积下来的碎屑等颗粒物质进行分解转化，还可以作为鱼类等经济动物的天然饵料，对水生态系统的物质循环和能量流动具有重要作用。丹江口水库所处江段经历建坝、加高坝高两次改变，生境条件也随之发生改变。此前，已有部分研究对于丹江口水库不同阶段的底栖动物群落开展了相关研究（波鲁茨基等，1959；韩德举等，1997；张敏等，2010；Zheng and Han，2012；王俊健，2015）。

3.3.1 底栖动物种类组成及其演变

在丹江口大坝建设前，波鲁茨基等（1959）对汉江上游 5 个断面［丹江口断面、郧县断面（Ⅰ、Ⅱ）、曾河断面、曾汉交汇断面］的底栖动物区系进行调查，采集到的种类较少，优势种类为摇蚊幼虫类，包括摇蚊科幼虫、幽蚊幼虫、蠓科幼虫、虻科幼虫，也采集到颤蚓科和仙女虫科种类。当时这些江段的底栖动物主要分布在河道两岸底质为泥沙而水不很深和水流较缓的水域。然而，研究者却在漂流水体中发现了相当数量的摇蚊科、蜉蝣目、襀翅目、毛翅目的幼虫、稚虫和蛹等，说明在少量的河床土壤内仍栖息着一些底栖动物类群。波鲁茨基等（1959）也预测丹江口水库建成后，由于淤积的形成和营养物质的增加，底栖动物将变得更加丰富。

建坝后对丹江口水库底栖动物群落的研究证明了这一预测，韩德举等（1997）在丹江口水库 12 个采样点采集到底栖动物 35 种，其中寡毛类 5 种、软体动物 18 种、甲壳动物 4 种，常见种类为苏氏尾鳃蚓、正颤蚓、霍甫水丝蚓、河蚬、闪蚬等；张敏等（2010）对库区 14 个采样点的底栖动物进行采样，共调查到 61 种，常见种类也是寡毛类（颤蚓科和仙女虫科）和摇蚊科，其中以霍甫水丝蚓、苏氏尾鳃蚓和正颤蚓的出现率最高（表 3-6）。丹江口大坝完成二次加高后，王俊健（2015）对库区底栖动物的调查发现，寡毛类的种类仍然最多，库区底栖动物区系组成未发生显著变化。

表 3-6　丹江口水库底栖动物种类名录（引自张敏等，2010）

门	种	门	种
线形动物门	线形动物 Nematoda spp.	环节动物门	河蚓 *Rhyacodrilus brevidentatus*
扁形动物门	三角涡虫属一种 *Dugesia* sp.		*Potamothrix vejdovskyi*
环节动物门	霍甫水丝蚓 *Limnodrilus hoffmeisteri*		Tubificidae sp. 1
	巨毛水丝蚓 *L. grandisetosus*		Tubificidae sp. 2
	水丝蚓属一种 *Limnodrilus* sp. 1		Tubificidae spp.
	厚唇嫩丝蚓 *Teneridrilus mastix*		肥满仙女虫 *Nais inflata*
	苏氏尾鳃蚓 *Branchiura sowerbyi*		参差仙女虫 *N. variabilis*
	维宾夫盘丝蚓 *Bothrioneurum vejdovskyanum*		仙女虫科一种 Naididae sp. 1
	多毛管水蚓 *Aulodrilus pluriseta*		费氏拟仙女虫 *Paranais frici*
	皮氏管水蚓 *A. pigueti*		小吻盲虫属一种 *Pristinella* sp.
	管水蚓属一种 *Aulodrilus* sp. 1	节肢动物门	小摇蚊属一种 *Microchironomus* sp.
	正颤蚓 *Tubifex tubifex*		前突摇蚊属一种 *Procladius* sp.
	T. ignotus		*Polypedilum halterale*
	T. kessleri		*P. flavum*
	Ilyodrilus templetoni		*P. tritum*
节肢动物门	*P. laetum*		Chironomidae sp. 1
	P. trigonus		Chironomidae sp. 2
	P. aviceps		直突摇蚊亚科一种 Orthocladiinae spp.
	Polypedilum sp. 1		长足摇蚊亚科一种 Tanypodinae spp.
	Stictochironomus sp.		蠓科一种 Ceratopogouidae spp.
	羽摇蚊 *Chironomus plumosus*		虻属一种 *Tabanus* sp.
	C. stigmaterus		蜉蝣属一种 *Ephemera* sp.
	摇蚊属一种 *Chironomus* sp.		梧州蜉 *Ephemera wuchowensis*
	隐摇蚊属一种 *Cryptochironomus* sp.	软体动物门	刻纹蚬 *Corbicula largillierti*
	Bethbilbeckia sp.		河蚬 *Corbicula fluminea*
	Cryptotendipes sp.		蚬属一种 *Corbicula* sp.
	Paralauterborniella sp.		无齿蚌属一种 *Anodonta* sp.
	菱跗摇蚊属一种 *Clinotanypus* sp.		射线裂脊蚌 *Schistodesmus lampreyanus*
	Pseudochironomus sp.		沼螺属一种 *Parafossarulus* sp.
	Coelotanypus sp.		梨形环棱螺 *Bellamya purificata*

3.3.2　底栖动物生物量及其时空动态

建坝前，丹江口水库底栖动物群落的种类较少，生物量也较低，在库首水域仅 0.106g/m^2（Zheng and Han，2012）。波鲁茨基等（1959）对未来库区的底栖动物等水生生物资源进行了调查。总体而言，丹江口水库及汉江其他库段的底栖动物 1958 年较少，丹江口、郧县（郧县断面Ⅰ、郧县断面Ⅱ）、曾河、曾河-汉江汇合共 5 个断面底栖动物的生物量为 3～232mg/m^2。

水库建成蓄水后，回水区上延，水流变缓，水深增加，底质中营养物质增加，使得底栖动物的分布区扩大，也有利于其生长，尤其是软体动物和耐污底栖动物。随着底栖动物种类的增加，丹江口水库底栖动物的生物量也明显增加，1992～1993 年的平均生物量达到 162.6g/m^2（Zheng and Han，2012），且呈现季节波动（秋>夏>春>冬），其中软体动物在生物量中占优势。此外，此时底栖动物的生物量也表现出空间差异，泥质底质的水域生物量显著高于沙质底质。

随着蓄水时间的增加，底栖动物群落也发生一定程度的变化。张敏等（2010）发现，2007～2008 年丹江口水库的底栖动物生物量存在空间异质性，丹江库区、汉江库区、取水口、五青入库区 4 个区域底栖动物的平均生物量为 8～100g/m^2，其中以汉江库区最高，五青入库区最低，这与密度的变化趋势一致。季节变化趋势与前人研究结果有所不同，表现为春季最高，夏季最低（图 3-7）。

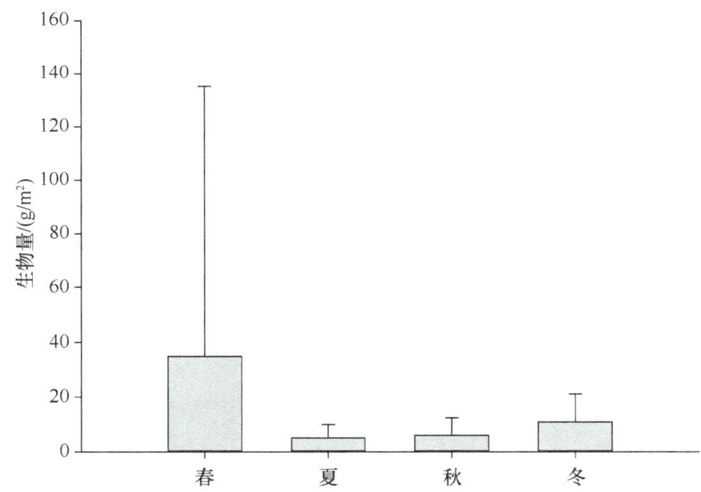

图 3-7　丹江口水库底栖动物生物量平均值的季节变化情况（引自张敏等，2010）

3.3.3　底栖动物密度及其时空动态

丹江口水库建坝以前，波鲁茨基等（1959）调查的 5 个断面的底栖动物的密度为 10～1540ind./m^2，以郧县断面的密度最高。

建坝后，1992～1993 年丹江口库区底栖动物密度为 12～371ind./m^2，平均值为 185ind./m^2（Zheng and Han，2012）。随着蓄水时间的增加，底栖动物的密度有所增加，2007～2008 年丹江库区、汉江库区、取水口、五青入库区 4 个区域底栖动物的平均密度为 100～16 500ind./m^2，其中各样点中密度最高值达 33 792ind./m^2。

底栖动物密度随季节的变化趋势与生物量基本相同（张敏等，2010），春季最高。然而，王俊健（2015）发现了不同的季节变化规律，2013～2014 年，丹江口水库 8 个样点的密度为 0～14 000ind./m²，其中夏季最高，达 3784ind./m²；冬季最低，为 128ind./m²（图 3-8）。形成两种不同的研究结果的原因，一是可能由于丹江口水库面积广，底栖动物的密度具有明显的空间异质性，而不同采样点可能会产生一定的差异；二是丹江口大坝的二次加高进一步改变了生境，底栖动物群落发生了进一步的改变。

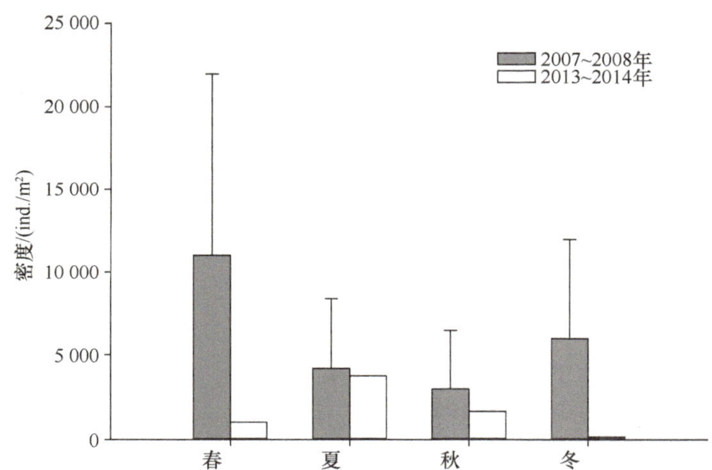

图 3-8　2007～2008 年和 2013～2014 年丹江口水库底栖动物密度平均值的季节变化情况（引自张敏等，2010；王俊健，2015）

3.3.4　底栖动物群落结构与环境因子的关系

目前，关于丹江口水库底栖动物群落与环境因子之间关系的研究还很少，仅能结合不同阶段关于底栖动物群落的研究与环境的变化开展一些分析。在丹江口大坝建设前，由于汉江上游水流快，波鲁茨基等（1959）在河道两岸底质为泥沙而水不很深和水流较缓的水域发现少量底栖动物类群。丹江口水库建成后，由于水流的急剧变缓、淤积的形成和营养物质的增加，底栖动物将变得更加丰富。韩德举等（1997）也发现丹江库区底栖动物的密度和生物量均显著高于汉江库区，主要原因是汉江两岸多为岩石，丹江则是现代沉积层，导致丹江库区以泥土底质为主，而汉江库区则以砂石底质为主；此外，汉江库区水体具有一定的流速，而丹江库区则近似湖泊，水体流速和底质的差异是影响底栖动物群落的重要环境因素，低流速、泥土底质和丰富的有机质条件有利于底栖动物的建群（Zheng and Han，2012），其他水体的营养程度等因素的影响需要进一步研究（张敏等，2010）。

3.4 鱼类资源及其演变

丹江口大坝建设前在库区共调查发现 47 种鱼类（波鲁茨基等，1959）。大坝建成蓄水后，共记录 85 种鱼类（袁凤霞和黄道明，1989；伦峰等，2016），隶属于 19 科 53 属。其中，鲤科（Cyprinidae）鱼类 50 种，占总种类数的 58.82%；鲿科（Bagridae）鱼类 8 种；鳅科（Cobitidae）鱼类 5 种；银鱼科（Salangidae）鱼类 4 种；鮨科（Serranidae）鱼类 3 种；鲇科（Siluridae）鱼类 2 种；鳗鲡科（Anguillidae）、鲟科（Acipenseridae）、平鳍鳅科（Homalopteridae）、鮡科（Sisoridae）、鮰科（Ictaluridae）、鱵科（Hemiramphidae）、合鳃鱼科（Synbranchidae）、鰕虎鱼科（Gobiidae）、太阳鱼科（Centrarchidae）、塘鳢科（Eleotridae）、鳢科（Channidae）、刺鳅科（Mastacembelidae）和鳀科（Engraulidae）各 1 种（表 3-7）。

表 3-7 丹江口水库鱼类资源的变迁

目	科	种	1958 年*	1986～1987 年**	2013～2014 年***	2013～2018 年****
鳗鲡目	鳗鲡科	鳗鲡 *Anguilla japonica*	+	+		
鲟形目	鲟科	达氏鲟 *Acipenser dabryanus*	+	+		
鲤形目	鳅科	花斑副沙鳅 *Parabotia fasciata*			+	
		中华花鳅 *Cobitis sinensis*		+	+	+
		紫薄鳅 *Leptobotia taeniops*		+		
		泥鳅 *Misgurnus anguillicaudatus*		+	+	+
		大鳞副泥鳅 *Paramisgurnus dabryanus*			+	+
	鲤科	宽鳍鱲 *Zacco platypus*	+	+	+	
		马口鱼 *Opsariichthys bidens*	+	+	+	+
		中华细鲫 *Aphyocypris chinensis*		+		
		赤眼鳟 *Squaliobarbus curriculus*	+	+	+	+
		青鱼 *Mylopharyngodon piceus*	+	+	+	+
		草鱼 *Ctenopharyngodon idellus*	+	+	+	+
		鳡 *Elopichthys bambusa*		+	+	+
		鯮 *Luciobrama macrocephalus*	+	+		
		鳤 *Ochetobius elongatus*	+	+	+	
		鲢 *Hypophthalmichthys molitrix*	+	+	+	+
		鳙 *Aristichthys nobilis*	+	+	+	+

续表

目	科	种	1958年*	1986～1987年**	2013～2014年***	2013～2018年****
		鲤 *Cyprinus carpio*	+	+	+	+
		鲫 *Carassius auratus*	+	+	+	+
		鳊 *Parabramis pekinensis*	+	+	+	+
		团头鲂 *Megalobrama amblycephala*		+	+	+
		鲂 *Megalobrama skolkovii*	+	+	+	+
		翘嘴鲌 *Culter alburnus*	+	+	+	+
		达氏鲌 *Culter dabryi*	+	+	+	
		蒙古鲌 *Culter mongolicus*	+	+	+	+
		尖头鲌 *Culter oxycephalus*	+	+	+	
		拟尖头鲌 *Culter oxycephaloides*		+		+
		红鳍原鲌 *Cultrichthys erythropterus*	+	+	+	+
		飘鱼 *Pseudolaubuca sinensis*	+	+	+	+
		䱗 *Hemiculter leucisculus*	+	+	+	+
		贝氏䱗 *Hemiculter bleekeri*	+	+	+	
		似鱎 *Toxabramis swinhonis*			+	
		似鳊 *Pseudobrama simoni*		+		+
		细鳞鲴 *Xenocypris microlepis*		+	+	+
		黄尾鲴 *Xenocypris davidi*		+		
		银鲴 *Xenocypris argentea*	+		+	
		圆吻鲴 *Distoechodon tumirostris*		+	+	
		中华倒刺鲃 *Spinibarbus sinensis*	+			+
		白甲鱼 *Onychostoma sima*	+	+		
		多鳞白甲鱼 *Onychostoma macrolepis*		+		
		中国结鱼 *Tor sinensis*	+	+		
		铜鱼 *Coreius heterodon*	+	+	+	
		吻鮈 *Rhinogobio typus*	+	+	+	
		圆筒吻鮈 *Rhinogobio cylindricus*	+	+		
		棒花鱼 *Abbottina rivularis*		+	+	+
		麦穗鱼 *Pseudorasbora parva*	+	+	+	+
		银鮈 *Squalidus argentatus*		+	+	+
		蛇鮈 *Saurogobio dabryi*	+	+	+	+
		唇䱻 *Hemibarbus labeo*	+	+	+	
		花䱻 *Hemibarbus maculatus*	+	+	+	
		黑鳍鳈 *Sarcocheilichthys nigripinnis*		+	+	+
		高体鳑鲏 *Rhodeus ocellatus*	+	+		+
		中华鳑鲏 *Rhodeus sinensis*			+	

续表

目	科	种	1958 年*	1986～1987 年**	2013～2014 年***	2013～2018 年****
		大鳍鱊 *Acheilognathus macropterus*		+	+	+
		彩副鱊 *Paracheilognathus imberbis*		+	+	+
		南方鳅鮀 *Gobiobotia meridionalis*		+		
	平鳍鳅科	犁头鳅 *Lepturichthys fimbriata*	+	+		
鲇形目	鲇科	鲇 *Silurus asotus*	+	+	+	+
		大口鲇 *Silurus meridionalis*		+	+	
	鲿科	黄颡鱼 *Pelteobagrus fulvidraco*	+	+	+	+
		瓦氏黄颡鱼 *Pelteobagrus vachelli*		+	+	+
		光泽黄颡鱼 *Pelteobagrus nitidus*		+	+	+
		粗唇鮠 *Leiocassis crassilabris*	+	+	+	
		长吻鮠 *Leiocassis longirostris*	+	+		
		大鳍鳠 *Mystus macropterus*	+	+	+	
		切尾拟鲿 *Pseudobagrus truncatus*		+		+
		圆尾拟鲿 *Pseudobagrus tenuis*		+		
	鮡科	中华纹胸鮡 *Glyptothorax sinensis*		+		
	鮰科	斑点叉尾鮰 *Ictalurus punctatus*				+
颌针鱼目	鱵科	间下鱵*Hyporhamphus intermedius*				+
合鳃鱼目	合鳃鱼科	黄鳝 *Monopterus albus*	+		+	
鲈形目	鰕虎科	子陵吻鰕虎鱼 *Ctenogobius giurinus*	+	+	+	+
	鮨科	鳜 *Siniperca chuatsi*	+	+	+	+
		大眼鳜 *Siniperca kneri*	+	+	+	+
		斑鳜 *Siniperca scherzeri*		+	+	
	太阳鱼科	大口黑鲈 *Micropterus salmoides*				+
	塘鳢科	黄黝鱼 *Hypseleotris swinhonis*	+	+	+	+
	鳢科	乌鳢 *Channa argus*		+	+	+
	刺鳅	刺鳅 *Mastacembelus aculeatus*		+	+	+
鲑形目	银鱼科	大银鱼 *Protosalanx hyalocranius*			+	
		太湖新银鱼 *Neosalanx taihuensis*			+	+
		寡齿新银鱼 *Neosalanx oligodontis*			+	
		短吻间银鱼 *Hemisalanx brachyrostralis*			+	
鲱形目	鳀科	短颌鲚 *Coilia brachygnathus*	+	+		

*波鲁茨基等，1959；**袁凤霞和黄道明，1989；***伦峰等，2016；****本研究

过去 30 年中，丹江口水库捕捞产量从 1983 年的大约 30kg/hm^2 增加到 2011 年的大约 75kg/hm^2（Yuan et al.，2016）（图 3-9）。主要捕捞对象是鲌类、鲢、鳙、鲤、鲫及 20 世纪 90 年代引进的太湖新银鱼（杨战伟等，2012；Yuan et al.，2016）。

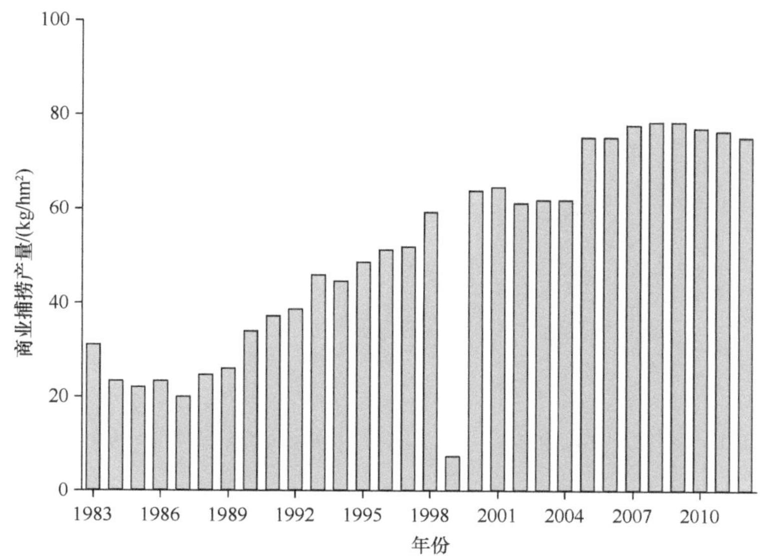

图 3-9　丹江口库区 1983～2012 年的商业捕捞产量（引自 Yuan et al.，2016）

网箱养殖在过去 30 年发展迅猛，仅丹江口市所属的丹江口库区，1983 年网箱养殖产量尚不足 200t，到 2012 年便超过了 30 000t（图 3-10）（Yuan et al.，2016）。网箱养殖的主要种类是翘嘴鲌、鳜、斑点叉尾鮰和大口黑鲈。翘嘴鲌和鳜主要用野杂鱼或冰鲜鱼投喂，斑点叉尾鮰和大口黑鲈则主要投喂人工饲料。网箱养殖的产量一般可达 50～80kg/m^3（Yuan et al.，2016）。

3.5　天然渔产潜力的评估

渔产潜力的评估、放流种类和大小的确定、生长速度的预估和捕捞规格的确定是实施丹江口水库渔业增殖的基础。

基于浮游植物和浮游动物的鱼产力按照以下公式估算：

鱼产力 = 浮游生物生物量 × P/B × 利用率 ÷ 饵料系数 × 养殖面积 × 平均水深

其中，浮游植物 P/B 系数参照华中地区取值，浮游生物饵料系数等其他参数按照《水库鱼产力评价标准》（SL 563—2011）规定取值，养殖面积以最高蓄水位的水面面积 150 万亩的 70%计算为 105 万亩计，平均水深为 29m。假定南水北调工程运行后浮游生物生物量与现在相当，估算丹江口水库浮游植物和浮游动物的鱼产

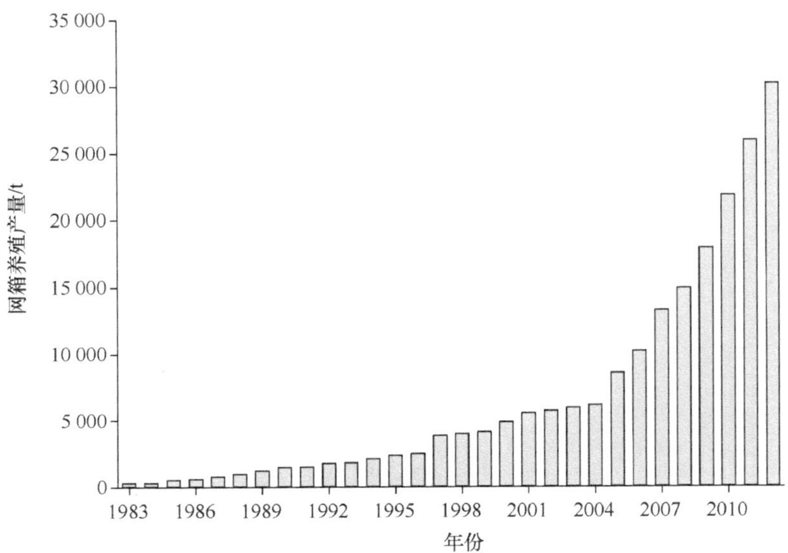

图 3-10 1983～2012 年丹江口水库网箱养殖产量（引自 Yuan et al.，2016）

力分别为 732 万 kg/a 和 738 万 kg/a，合计为 1470 万 kg/a（表 3-8），分别折合亩产 6.97kg 和 7.03kg，合计亩产 14.0kg。

表 3-8 丹江口水库浮游植物和浮游动物的鱼产力估算

类别	生物量/（mg/L）	利用率/%	*P*/*B* 系数	饵料系数	鱼产力/（万 kg/a）
浮游植物	1.603	15	100	100	732
浮游动物	0.646	25	15	10	738
合计					1470

注：平均水深取 29m，宜渔面积按 105 万亩计算

目前，暂无丹江口水库悬浮有机碎屑等方面的资料。一般水库悬浮有机碎屑的渔产潜力也很可观（常秀岭等，2010），若按浮游生物渔产潜力的 20%取值，则丹江口水库有 146.4 万 kg 浮游植物食性的渔产潜力和 147.6 万 kg 浮游动物食性的渔产潜力，折合亩产分别为 1.39kg 和 1.41kg。

丹江口水库底栖动物平均密度为 185ind./m^2，变动范围为 12～371ind./m^2；平均生物量为 162.6g/m^2，变动范围为 0.982～415.233g/m^2（韩德举等，1997）。底栖动物的鱼产力预计为 4.48 万 kg，折合亩产 0.04kg。

丹江口水库小型鱼类资源和虾类资源丰富，估算可以支撑食鱼性鱼类的渔产潜力为 1kg/亩，食鱼性鱼类总产量可达到 105 万 kg。

湖泊沉积的有机碎屑鱼产力一般能占鱼产量的 1%～3%。相对于湖泊，水库的形成年限较短，沉积碎屑较少，以 1%计鱼产力为 18.73 万 kg。

上述各项估算结果表明，丹江口水库鱼产力可达到 1890 万 kg。按水库可养水面 105 万亩计，在完全不投饵、施肥的情况下，丹江口水库生态渔业的总产量可达每亩 18.0kg。丹江口水库不同食性鱼类的渔产潜力评估见表 3-9。

表 3-9　丹江口水库不同食性鱼类的渔产潜力评估

不同食性鱼类	鱼产力/万 kg	单位面积鱼产力/（kg/亩）
浮游植物食性鱼类（含悬浮物食性鱼类）	878.4	8.37
浮游动物食性鱼类（含悬浮物食性鱼类）	885.6	8.43
沉积有机碎屑食性鱼类	18.73	0.18
底栖动物食性鱼类	4.48	0.04
食鱼性鱼类	105.0	1.0
总计	1892.21	18.02

第 4 章

丹江口水库渔业资源利用方式和管理

丹江口水库建于汉江上游，横跨湖北、河南两省，是汉江流域最大的水库，由左右的汉库和丹库组成。汉库接纳汉江及其支流来水，丹库接纳丹江和老鹳河来水。丹江口水库于 1974 年竣工，蓄水至 157m。为保证丹江口的水能通过南水北调工程自然流向北京，大坝于 2013 年再次加高，库区面积进一步加大，高水位达到 170m，对水生态环境的影响进一步加大，也带来了更大规模的移民安置工程。

丹江口水库历来是重要的渔业捕捞水域（宋长河和谭华炜，1993），为周边居民重要的收入来源。同时，丹江口水库也具有非常丰富的鱼类多样性，是重要的鱼类种质资源库。在合理开发利用渔业资源的同时，保持资源的可持续、鱼类群落结构的稳定性、鱼类物种的多样性，具有重要的生态和社会效益。

2017 年 8 月，选择丹江口水库的丹库和汉库的 4 个采样点（分别为汉库的丹江口市汉丹港码头、均县镇和凉水河镇三个采样点，以及丹库的香花镇）进行捕捞渔具渔法类型、渔业资源及其他渔业开发利用方式等方面的调查。渔具渔法调查对象均为丹江口水库的专业渔民，在每个采样点选取若干渔民，跟踪调查捕捞过程，包括其使用的渔具渔法、渔获物主要结构，以及捕捞量及捕捞收入等，并调查走访当地捕捞方式的演化过程。2021 年起，丹江口水库全面禁渔，这些调查结果可为禁渔效果评估提供基础数据。

4.1 库区渔业方式

2017 年 8 月，根据对丹江口水库的丹库和汉库的 4 个采样点的渔具渔法的调查，丹江口库区此时所使用的渔具类型较为简单，主要类型有刺网类、笼壶类、敷网类、饵钩类等，分别介绍如下。

4.1.1 刺网类渔具

刺网类渔具是丹江口水库整个库区使用最常见的渔具类型，在各个捕捞区域均广泛使用。在不同的季节，根据不同的渔获对象，渔民将刺网设在不同的水层（图 4-1）。

图 4-1 刺网类渔具

丹江口水库渔民所使用的刺网类渔具网目类型多样，从 1cm 至 14cm 都有渔民使用，一般在每天 17:00～18:00 下网，第二天凌晨的 4:00～5:00 收网。使用方式大体分为两类，一类是在水面较宽的水域，刺网浮在水面，网具前后各绑定一灯，随水流而漂荡，以便在收网的时候能定位网具；另一类则一般在库湾中使用，刺网的两头用绳索与岸边的树枝相连接，拦截进出库湾的鱼类个体。

在丹江口水库，使用最为广泛的刺网网目规格（2*a*）在 12～14cm，在调查的每个样点都有使用。此类刺网多用于宽广的水域，网具长度不定，在 800～2000m，高度多在 20～30m，在每个调查样点均有使用，捕捞的渔获物类型主要为大型经济鱼类，包括鲢、鳙、青鱼、鳡、翘嘴鲌等；第二类为网目规格在 6～8cm 的刺网，这类网具的使用方法和使用范围与上一类相似，多用于敞水区，主要的捕捞对象为鲤、鲫、蒙古鲌、翘嘴鲌、草鱼等，在丹江口水库也广泛使用；第三类为网目规格在 1～2cm 的刺网，主要捕捞对象为䱗、似鳊等小型鱼类，这类渔具使用范围较广，但使用强度和频次较低，一般在秋冬季节使用，夏季由于气温高，小鱼易于腐烂且价格较低而很少使用。

4.1.2　笼壶类渔具

笼壶类渔具也称虾笼，属笼壶类，在丹江口水库使用也较为广泛，规格多为每条 8m 长，由诸多虾盒组成，虾盒之间以绳索相连，每个虾盒的宽度约 30cm、高 15cm，网目为 1cm 左右，主要捕捞底层渔获物，以虾类为主，也能捕获底层的小型鱼类（图 4-2）。

图 4-2　笼壶类渔具

4.1.3　敷网类（灯光诱捕）渔具

这类渔具在右支丹库有大量渔船使用，呈圆形，直径 3～4m，放置于船体两边，网具上方在船体上方两侧安装若干白炽灯。一般每条渔船使用一个此类渔具。在河南省淅川县香花镇调查发现这类渔具的使用率很高，多在每年的 9～10 月使用，主要捕捞鱼类为鳌类、银鱼等（图 4-3）。

图 4-3 敷网类渔具

4.1.4 饵钩类渔具

饵钩类渔具一般钩长 1～2cm，用蚯蚓等作为饵料，由一条主干线牵系若干支线，饵钩设置在支线绳子末端。禁捕前丹江口水库已极少有人使用，调查中仅发现一人在使用。

4.1.5 库湾拦网养鱼

调查中发现，无论在湖北境内的汉江库区还是河南境内的丹江库区，在蓄水形成的诸多库湾内都有开展围网养殖。在库湾与敞水区交界处设置围网，拦截鱼类逃逸，所围水体面积不定，几十至几百亩不等（图 4-4）。库湾里放养的鱼类种

图 4-4 库湾拦网养鱼

类不一，主要包括鲢、鳙、鲌类等。据调查，目前，丹江口水库大部分的围网已被拆除，仅存的也将在近期集中拆除。

4.2　渔业资源结构

4.2.1　种类组成

2017 年 8 月对丹江口水库的 4 个采样点渔获物进行调查，调查渔具包括刺网、虾笼，共发现鱼类 25 种，分属于 4 目 6 科。所调查的鱼类以鲤形目为主，共 18 种，占采集鱼类种类总数的 72%；鲇形目次之，共 4 种，占 16%；鲈形目和鲑形目 3 种，共占 12%（表 4-1）。

表 4-1　2017 年丹江口水库不同采样点渔获物组成

目	科	亚科	属	种	汉丹港码头	均县镇	凉水河镇	香花镇
鲤形目 Cypriniformes	鲤科 Cyprinidae	雅罗鱼亚科 Leuciscinae	赤眼鳟属 *Squaliobarbus*	赤眼鳟 *S. curriculus*			+	
			青鱼属 *Mylopharyngodon*	青鱼 *M. piceus*		+	+	
			草鱼属 *Ctenopharyngodon*	草鱼 *C. idellus*	+	+	+	+
			鳡属 *Elopichthys*	鳡 *E. bambusa*		+		
		鲢亚科 Hypophthalmichthyinae	鲢属 *Hypophthalmichthys*	鲢 *H. molitrix*	+	+	+	+
			鳙属 *Aristichthys*	鳙 *A. nobilis*	+	+	+	+
		鲤亚科 Cyprininae	鲤属 *Cyprinus*	鲤 *C. carpio*	+	+	+	+
			鲫属 *Carassius*	鲫 *C. auratus*	+	+	+	+
		鲌亚科 Cultrinae	鲂属 *Megalobrama*	团头鲂 *M. amblycephala*		+	+	+
			鲌属 *Culter*	翘嘴鲌 *C. alburnus*	+	+	+	+
				达氏鲌 *C. dabryi*	+	+	+	
				蒙古鲌 *C. mongolicus*	+	+	+	+
			原鲌属 *Cultrichthys*	红鳍原鲌 *C. erythropterus*		+	+	

续表

目	科	亚科	属	种	汉丹港码头	均县镇	凉水河镇	香花镇
			鳘属 *Hemiculter*	鳘 *H. leuciscculus*	+	+	+	+
			飘鱼属 *Pseudolaubuca*	飘鱼 *P. sinensis*	+	+		
		鲴亚科 Xenocyprinae	似鳊属 *Pseudobrama*	似鳊 *P. simoni*		+		
		鮈亚科 Gobioninae	蛇鮈属 *Saurogobio*	蛇鮈 *S. dabryi*		+		
			银鮈属 *Squalidus*	银鮈 *S. argentatus*		+		
鲇形目 Siluriformes	鲿科 Siluridae		黄颡鱼属 *Pelteobagrus*	黄颡鱼 *P. fulvidraco*	+	+	+	+
				瓦氏黄颡鱼 *P. vachelli*	+	+		
				光泽黄颡鱼 *P. nitidus*		+		
	鲇科 Siluridae		鲇属 *Silurus*	大口鲇 *S. meridionalis*	+	+		
鲈形目 Perciformes	鮨科 Serranidae		鳜属 *Siniperca*	鳜 *S. chuatsi*	+	+	+	
	鳢科 Channidae		鳢属 *Channa*	乌鳢 *C. argus*	+		+	+
鲑形目 Salmoniformes	银鱼科 Salangidae		新银鱼属 *Neosalanx*	太湖新银鱼 *N taihuensis*				+

注：+表示发现该物种

4.2.2 生物量

在库区的 4 个采样点共调查渔获物 781.75kg，其中鲢、蒙古鲌、鳙、翘嘴鲌、鲤、鲫、鳘、大口鲇的生物量较高，占总生物量的比例分别为 29.8%、20.18%、13.62%、10.09%、5.15%、4.65%、3.77%和 3.45%，这 8 种鱼类的生物量占总生物量的比例达到了 90.72%（图 4-5）。

4 个采样点中，丹江口市汉丹港码头生物量占比较高的鱼类是鲢、蒙古鲌和大口鲇，分别占总生物量的 43.3%、16.63%和 12.03%；均县镇则是蒙古鲌、鲢和翘嘴鲌，占比分别为 32.70%、28.28%、8.4%；凉水河镇则是鳙、鲢、翘嘴鲌，占比分别为 32.41%、26.2%、20.03%；而在香花镇渔获物中生物量所占比例较高的种类是鲤、鳙和鲫，分别占 30.71%、22.47%和 14.24%（表 4-2）。

图 4-5　渔获物情况

表 4-2　丹江口水库 4 个采样点渔获物生物量、数量结构

种类	汉丹港码头		均县镇		凉水河镇		香花镇	
	%*W*	%*N*	%*W*	%*N*	%*W*	%*N*	%*W*	%*N*
赤眼鳟	0	0	0	0	0.13	0.18	0	0
青鱼	0	0.18	6.46	0.06	1.04	0.01	0.02	0.01
草鱼	2.41	0.18	0.03	0.06	0.78	0.18	0	1.2
鳡	0	0	0.97	0.06	0	0	0	0
鲢	43.3	4.5	28.28	1.58	26.2	4.87	7.47	2.4
鳙	4.32	1.08	6.46	0.55	32.41	3.25	22.47	3.58
鲤	3.13	0.72	3.47	0.36	1.3	0.72	30.71	7.78
鲫	6.01	5.64	3.43	6.49	1.95	3.79	14.24	13.76
团头鲂	0	0	1.94	0.12	1.17	1.44	0	0
翘嘴鲌	4.26	1.8	8.4	1.03	20.03	16.24	7.49	1.8
达氏鲌	0	0	0.1	0.02	0	0	0	0
蒙古鲌	16.63	8.09	32.70	51.15	8.04	9.93	8.61	15.57
红鳍原鲌	0.02	0.28	0	0	0	0	0	0
䱗	3.61	65.25	3.7	34.84	4.67	48.74	2.25	14.97
飘鱼	0.1	0.2	0	0	0	0	0	0
似鳊	0.1	1.1	0	0	0	0	0	0
蛇鮈	0	0	0.02	0.05	0.1	3.97	0	0
银鮈	0.48	4.5	0.02	0.06	0.1	3.79	0	0
黄颡鱼	0.48	0.72	2.46	2.85	0.65	0.9	2.25	1.8
瓦氏黄颡鱼	0.48	0.9	0.81	0.42	0	0	0.37	1.2
光泽黄颡鱼	0	0	0.02	0.06	0	0	0.37	3.59
大口鲇	12.03	0.36	0.65	0.18	0	0	0	0
鳜	0.96	3.6	0.08	0.06	0.78	1.81	0	0
乌鳢	1.68	0.9	0	0	0.65	0.18	3	1.2
太湖新银鱼	0	0	0	0	0	0	0.75	31.14

注：%*W* 表示生物量占比，%*N* 表示数量占比

4.2.3 数量

本次调查共采集鱼类标本 2977 尾。其中，䱗和蒙古鲌数量上占绝对优势，数量百分比分别为 41.65%和 32.55%。

从数量丰度来看，4 个采样点渔获物结构略有差异，汉丹港码头渔获物中数量占比较高的种类是䱗、蒙古鲌和鲫，分别占 65.25%、8.09%和 5.64%；均县镇则是蒙古鲌、䱗和鲫，占比分别为 51.15%、34.84%和 6.49%；凉水河镇则是䱗、翘嘴鲌和蒙古鲌，分别占 48.74%、16.25%和 9.93%；在香花镇渔获物中数量占比较高的种类是太湖新银鱼、蒙古鲌、䱗和鲫，分别占 31.14%、15.57%、14.97%和 13.77%（表 4-2）。

4.3 渔业资源利用现状与变迁

在丹江口水库禁渔前，渔民常用的渔具包括不同网目大小的刺网类、虾笼及敷网类。其中，刺网的使用范围很广泛，全年使用，且网目多在 $2a$=8cm 以上，捕捞对象为大个体鱼类，有利于渔业资源的可持续发展，这主要得益于渔政部门对刺网网目的管理（宋长河和谈华炜，1993）。

丹江口水库自 1974 年初期工程完工后，原来的河流生境变为静水生境，2013 年大坝再次加高，库区面积进一步加大。随着蓄水的进行，鱼类群落结构也会发生相应的改变，库区喜流水鱼类比例下降而广适性鱼类及喜静水鱼类比例上升（袁凤霞和黄道明，1989），渔民所使用的渔具也随之有所改变。调查结果表明，历史上曾使用的饵钩类渔具如今已很少使用。另外，在库区也出现了历史上使用较少的渔具，如灯光诱捕网，因库区银鱼资源的增加（杨战伟，2012），使用范围不断扩大，尤其在丹江库区，后逐渐被取缔。

4.4 渔业资源特征与存在的问题

建坝前，汉江、丹江及其支流上游江段多峡谷、险滩、岩洞，且水流湍急，在当时采集到的鲤科鱼类中，有诸如白甲鱼、瓣结鱼、中华倒刺鲃等一些适应上述水生环境的喜急流性鱼类（袁凤霞和黄道明，1989）。本次调查并未采集到鲟、白甲鱼、中华倒刺鲃等鱼类，同时鱼类群落在库区不同水域呈现同质化趋势，以广适种和喜静水种类占优势，伦峰等（2016）也发现了这一趋势。然而，丹江口水库第一阶段蓄水后的调查表明，库区虽然有部分流水性鱼类未被发现，但流水性鱼类比例依旧较大，静水性鱼类没有形成优势，支流受影响较小（袁凤霞和黄道明，1989）。其原因之一是大坝的二次加高，进一步扩大了静水水域面积，部分激流性鱼类繁殖摄食生境遭到破坏，进一步改变了库区鱼类群落结构。

网具管理在渔业资源管理中至关重要，而网目大小的选择又是其中的关键，良好的渔业管理需要保证所使用的网具能捕获成年个体鱼类而放生幼鱼群体，从而在渔业需求和渔业管理间找到平衡（MacLennan，1992；Nguyen and Larsen，2013）。

4.5　渔业资源管理建议

总体而言，2017 年丹江口水库渔获物中价格较低的常规鱼类及小型鱼类占比很高，鳜、黄颡鱼、翘嘴鲌等优质高价鱼类比例仍较低。基于丹江口水库的水体容纳量，通过科学放养，定量放流一些在空间或营养生态位上存在分化的凶猛性优质鱼类，有利于通过摄食关系利用和控制丹江口水库小型鱼类的资源量，同时提高单位水体的经济价值，进而实现水库渔业效益的可持续发展和保持水库鱼类群落稳定性的统一。目前，丹江口水库已全面实施禁渔措施，禁渔后渔业资源如何演变需要动态跟踪监测。

第 5 章

集约化网箱养殖退出与补偿方案

5.1 丹江口水库网箱养殖的方式、规模与效益

丹江口水库面积大、水体深、水体交换迅速、库周植被良好，渔业养殖潜力巨大。南水北调工程实施后，丹江口水库总面积达到 150 万亩。广阔的水域和众多的库湾，为发展淡水鱼类养殖提供了得天独厚的条件。库区形成以来，水产养殖业历来在丹江口库区受到重视，库区水产养殖产量基本保持上升趋势，仅丹江口市所辖水域渔业产值就达 20 亿元，经济效益十分可观。

历史上，丹江口水库的网箱按投饵与否分为非投饵式网箱和投饵式网箱。非投饵式网箱养鱼方式是库区网箱养殖最早发展起来的模式，主要养殖滤食性的鱼类，如鲢和鳙（陈光远和熊志邦，1994）。由于非投饵式网箱主要养殖对象是鲢、鳙，过滤和摄食水体中的浮游动植物及悬浮有机碎屑，不但直接消减水体中的浮游动植物，降低水华的暴发风险，而且通过鱼体吸收的方式带走水体中的氮、磷等营养物质。因此，保留一定规模的滤食性网箱，不会污染水体，应该有利于库区水质的保护。

投饵式网箱主要养殖饵食性鱼类，如翘嘴鲌、鳜、大口黑鲈等肉食性或饵食性鱼类。这类鱼掠食性强，摄食量大，经济价值高，但养殖污染较大。

5.1.1 网箱的主要类型与结构

浮动式网箱是丹江口水库普遍采用的网箱，按投饵与否分为投饵式网箱和非投饵式网箱（图 5-1）。

图 5-1　丹江口水库典型的浮动式网箱

A. 图为投饵式网箱；B. 图为非投饵式网箱

浮动式网箱的结构一般包括网衣、框架、固定桩、浮子、沉子及固着器（锚、水下桩）等。网衣是网箱养鱼的蓄鱼部分，在材料选择上要求坚韧、牢固，能蓄鱼而不易逃鱼，还要操作方便和造价低廉。网箱的蓄鱼部分在丹江口水库中通常以合成纤维为材料。

对浮动式网箱来说，框架是保持网衣张开并使网箱挺括的附属设施。常用竹木材料或金属管搭成一定的形状，然后装上网片即制成不同规格、形状的网箱。

在丹江口水库，目前使用的网箱框架大多由金属管制成，随网箱面积大小，通常搭成“十”字形或“田”字形，面积一般为 4m×4m 至 6m×6m。“田”字形网箱坚固、耐用、不易变形，抗风浪能力强，每一个框架的四周都铺设了环形平台，便于作业。在中间通道的十字点处设立投饵点，1 人就可以在 0.5h 内喂完 4 只箱的鱼，比喂 4 只单箱或单排串联的 4 只箱节约 1.5h，降低 3/4 的劳动强度。中间通道上可以同时承重 8 人，进行检测、过秤、记账、运输鱼种或销售成鱼作业，故投饵式网箱一般采用这种设置方式。

丹江口水库浮动式网箱的类型根据网箱的功能和设置复杂程度主要可以分为 4 种，即单筒网箱、双筒网箱、双筒带十字架踏网箱和双筒带田字架踏网箱（图 5-2～图 5-5）。

图 5-2　单筒网箱

图 5-3　双筒网箱

图 5-4　双筒带十字架踏网箱

图 5-5　双筒带田字架踏网箱

5.1.2　网箱养殖的投入与产出

1. 不同类型网箱材料及附属设施价格评估依据

网箱的制作及安装价格一般包括材料费、加工安装费、运输费、人工费等。制作网箱用到的材料一般包括网衣、框架、浮子、沉子和固着器等。

网衣是网箱的蓄鱼部件，一般用合成纤维如聚酰胺类（尼龙）和聚氯乙烯类（氯纶）制作。市场上，按制作网箱所采用材料的重量来计算网衣的价格，一般为15～30 元/kg。

框架常用竹木材料或以金属管为材料，搭成一定的形状，然后装上网片即制成不同规格、形状的网箱。金属管一般为钢管，价格一般为 40～65 元/根，毛竹的价格相对便宜一些，为钢管价格的 1/3～1/2。

此外，还有网箱的附属设施，如浮子、缆绳、钢绳、用具等。

网箱的加工安装费、运输费、人工费等，根据购买制作网箱的材料、地点、距离远近不同而存在差异。一般网箱的材料加工费用都计算在材料费内，安装和人工费以当地劳务费水平为标准，而网箱的运输费需以所用车辆的大小和距离远近计算。

根据实地走访调查和相关政府部门给出的依据，暂对不同类型网箱材料及附属设施以 6m×6m 面积为标准，给出以下价格评估依据。

单筒网箱成本：1000～1500 元（包含材料费、加工安装费、运输费、人工费等）。

双筒网箱成本：2000 元（包含材料费、加工安装费、运输费、人工费等）。

双筒带十字架踏网箱成本：2500 元（包含材料费、加工安装费、运输费、人工费等）。

双筒带田字架踏网箱成本：3500 元（包含材料费、加工安装费、运输费、人工费等）。

2. 不同类型网箱的渔业产出

不同类型的网箱，根据其养殖品种不同，渔业产出也各不相同。

（1）鲌类网箱

翘嘴鲌（*Culter alburnus*）隶属于鲤形目鲤科鲌亚科鲌属，广泛分布于我国平原各水系，是长江流域优质经济鱼类，作为中国养殖品种中逐步从以杂食性或草食性为主转向以肉食性为主的典范产品，翘嘴鲌因其肉质细腻鲜美，是鱼中上品，且其市场价格高，社会需求大，成为不少水产养殖户饲养的主要品种。

翘嘴鲌是丹江口城市名片产品，2008 年 9 月通过了国家质量监督检验检疫总局对丹江口翘嘴鲌地理标志产品的批准，成为我国地理标志认定受理的首个淡水活体鱼类；2008 年 12 月获得了中国地理标志博览会优质产品的称号，这使丹江口翘嘴鲌短期内在全国大中型城市的知名度倍增。

以一个标准的 6m×6m 的投饵式网箱为基准，年平均产出 1200kg，以单价 30 元/kg 计算，年均总收入 3.6 万元，除去苗种投入、饵料费用、租金等费用外，每年净利润至少 2 万元。鲌的养殖，在库区养鱼户中普及率达 60%以上，鲌的养殖产量已经突破 1.5 万 t，年产值突破 4.5 亿元。

（2）鳡网箱

鳡（*Elopichthys bambusa*）异常凶猛，被称为“水中老虎”、淡水鲨鱼。鳡在水中游动速度极快，行动敏捷，是一种主要以鱼类为食的典型凶猛性鱼类，也是大型的淡水经济鱼类。该鱼生长快、个体大、肉质鲜美，一向被视为高档淡水鱼类。丹江口素有“中国水都”之称，拥有以鲌、鳡、银鱼为主的 40 多种名贵鱼类。丹江口鳡已形成鲜活鱼、冰鲜鱼、风干分割品、风味方便食品四大系列十多个品种。

以一个标准的6m×6m的投饵式网箱为例，年平均产出1000kg，以单价60元/kg 计算，年均总收入 6 万元，除去苗种投入、饵料费用、租金等费用外，每年净利润至少 3 万元。2010 年，鳡产量达 2100×10^3kg，销售额 1.2 亿元，深加工销售额 5600 万元，远销北京、上海、武汉、广州、哈尔滨、香港、澳门等大中城市，成为丹江口市一张响亮的名片。

（3）大口黑鲈网箱

大口黑鲈（*Micropterus salmoides*）原产于美国，是一种肉质坚实、肉味清香、抗病力强、生长迅速、易起捕、适温较广的名贵肉食性鱼类，1983 年引入我国，经人工驯化成为养殖品种，并取得了较好的经济效益。

大口黑鲈生长较快，当年繁殖的鱼苗能长到 0.5kg，达到上市规格。养殖 2 年，体重约 1.5kg；养殖 3 年可长到约 2.5kg。如用标准的 6m×6m 网箱养殖，年平均产出 1000kg，以单价 40 元/kg 计算，年均总收入 4 万元，除去苗种投入、饵料费用、租金等费用外，每个网箱可获利 2 万元左右。

（4）常规鱼类网箱

丹江口水库中，除典型的投饵式网箱养殖经济鱼类外，还存在大量的饲养常规鱼类的非投饵式网箱。最普通的常规鱼类就是鲢和鳙。鲢（*Hypophthalmichthys molitrix*），属于鲤形目鲤科，其肉质细嫩，营养丰富，主要以滤食浮游植物为生。鳙（*Aristichthys nobilis*）又称花鲢、胖头鱼，外形似鲢，头部大而宽，肉质雪白细嫩，主要滤食轮虫、枝角类和桡足类等浮游动物。鲢和鳙同为较适宜养殖的优良鱼种之一，是我国主要的大型淡水养殖鱼类。

这些饲养常规鱼类的网箱，一般安置在投饵式网箱周围或流动性较好的河道附近。一方面，由于投饵原因，投饵式网箱周围的有机质高于其他区域，鲢、鳙所滤食的饵料丰富；另一方面，通过这类滤食性鱼类的摄食作用，吸收带走水体中的氮、磷等营养物质，不仅获得了经济价值，也降低了网箱对水库资源的浪费和污染。

常规鱼类的渔业产出根据养殖区域饵料生物量的不同、养殖鲢及鳙规格不同相差悬殊。丹江口水库淅川县水产局于 20 世纪初给出的资料显示，一般养殖鲢、鳙的网箱一年产出在 400kg 左右，每个网箱的渔业产出在 2000～3000 元。

5.2 投饵式网箱养殖退出方案

5.2.1 网箱数目和类型的确定

在项目实施过程中，我们主要采用下列三种方式对丹江口库区网箱养殖规模和类型进行了调研。

1）走访库区辖地各水产管理部门。我们在 2012 年年底和 2013 年 5 月分别专程拜访了湖北省丹江口市和河南省淅川县水产管理部门，开展了座谈会并实地了解，取得了各地渔业管理部门提供的网箱统计的官方数据。

2）实地现场样方调查。2013 年 3～11 月，我们共赴湖北丹江口市、郧西县、武当山风景区及河南省淅川县丹江口库区网箱养殖重点区域实地考察、调研 8 次，以官方报告和实地观察情况相结合，取得各重点区域网箱结构、数量、养殖方式、投入产出等数据。

3）卫星图片分析。结合管理部门数据以及实地调研结果，为取得重点区域的整体统计结果，通过购买 2013 年 4 月 13 日湖北省丹江口市均县镇 9.37km^2 水域和河南省淅川县 3.04km^2 水域的高清卫星图片（分辨率为 0.5m），逐个计数两个区域的网箱数量，网箱数量分别高达 3903 个和 542 个，以此较好地实现了整体、局部和实际观察的相互结合调研。

从湖北、河南两省的网箱养殖情况来看，湖北库区网箱养殖规模较大。湖北库区彼时有网箱 54 880 只，包括投饵式网箱 38 720 只（其中双筒带田字架踏网箱 28 200 只、双筒带十字架踏网箱 6380 只、双筒网箱 2180 只、单筒网箱 1960 只），非投饵式网箱 16 160 只；河南库区有网箱 21 800 只，包括投饵式网箱 18 680 只（其中双筒带田字架踏网箱 12 320 只、双筒带十字架踏网箱 4060 只、双筒网箱 1100 只、单筒网箱 1200 只），非投饵式网箱 3120 只。

综合计算得出，当时丹江口水库实有网箱 76 680 只，包括投饵式网箱 57 400 只（其中双筒带田字架踏网箱 40 520 只、双筒带十字架踏网箱 10 440 只、双筒网箱 3280 只、单筒网箱 3160 只），非投饵式网箱 19 280 只。

5.2.2 不同类型网箱的补偿方案

为响应国务院号召，确保“一库清水送北方”，丹江口库区内的一切网箱将被剔除。为了保证库区养殖户的生活和利益，对在规定期限内整治上岸，并清除所有养殖设施的养殖户，经验收确认后，按照不同的网箱结构和养殖类型给予一定的补偿。

补偿对象是已到相关部门登记并办有合法养殖证的，并且在限定拆除期限内拆除、验收合格的网箱养殖户及拦网所有者。未按时按要求拆除，由工作专班强行拆除的，网箱养殖户和拦网所有者不予兑现补偿资金。补偿标准根据网箱类别及水产品种类和数量，确定具体补偿标准，经上级审批后具体发布。

为便于操作，以按网箱结构划分补偿方案较为简便，我们提出了如下方案。

根据不同类型网箱的数量及价格进行计算，淘汰丹江口库区内的 76 680 只网箱，需投入资金 20 364 万元，包括清除投饵式网箱 57 400 只（共需补偿金额 17 472 万元）和清除非投饵式网箱 19 280 只（共需补偿金额 2892 万元）；淘汰附属生产生活设施（包括生产用船和房屋等）需补偿 9497.4 万元。按照网箱结构划分的补偿方案，预计需投入总金额 29 861.4 万元。淘汰养殖网箱内容与经费估算见表 5-1。

按照以上标准进行补偿时，需结合设施材质、使用年限、破损程度等因素综合测算。没有合法养殖证件的网箱、库汊，而又实施水产养殖的，可考虑减半补偿。

5.2.3 网箱退出流程

在深入调查研究全面掌握情况后，确定各个相关部门的分工情况，成立实施网箱剔除工作领导小组，全面有计划有步骤地指挥整治工作。同时，多渠道广角

表 5-1　淘汰养殖网箱内容与经费估算

补偿项目	网箱类型及补偿价格	估计投入金额/万元
投饵式网箱	双筒带田字架踏网箱，按每个 3500 元补偿	14 182
	双筒带十字架踏网箱，按每个 2500 元补偿	2 160
	双筒网箱，按每个 2000 元补偿	656
	单筒网箱，按每个 1500 元补偿	474
非投饵式网箱	非投饵式网箱，按每个 1500 元补偿	2 892
水上生活房屋	每平方米按 1500 元补偿，共计 28 700m^2	4 305
岸上管理房屋	每平方米按 1200 元补偿，共计 9560m^2	1 147.2
渔船	每艘按 3600 元补偿，共计 3520 艘	1 267.2
养殖水泥趸船	每平方米按 1200 元补偿，共计 14 350m^2	1 722
其他附属设施	每户补偿 3000 元，共计 3520 户	1 056
合计		29 861.4

度开展宣传活动，通过媒体、会议、走访、标语等形式展开多样的宣传教育活动，宣传整治政策，提高广大渔民主动配合网箱剔除工作的积极性和保护丹江口水库环境的意识。把握舆论导向，让群众认识到丹江口水库环境保护和网箱剔除工作的重要性与必要性，争取库区群众特别是养殖户的理解和支持，营造良好的社会氛围，确保剔除库区网箱工作有效完成。接着，按照程序确定养殖户资产评估机构，对在核定范围内的资产进行公正评估，并向社会公示后确认产权归属。资产评估范围包括不同类型网箱材料及其附属设施等，对库区水域范围内的网箱、拦网进行全面调查、登记、签字核准。

按照属地管理的原则，各地各有关部门根据自身实际进一步明确工作目标和任务，积极开展取缔工作。在开展网箱清理前，要签订网箱养殖设施剔除补偿协议，后在由领导小组确定的督查组的直接指导下，对取缔网箱养鱼工作进行专门督导，逐户制定网箱拆除办法措施和时间表，动员组织帮助渔民处理网箱水产品，拆除收储网箱、拦网设施材料。另外，督查组需及时反馈工作进展情况和相关信息，有效确保网箱在核定期限内全部依法剔除。

在严格评估网箱成本、养殖鱼类种类与产量及附属设施的基础上，通过各部门的配合，2015 年重点实施了丹江口水库河南库区投饵式网箱的全部撤除、湖北库区部分网箱的撤除，至 2017 年 8 月，丹江口水库所有投饵式网箱都顺利撤除了。这为丹江口水库实施基于水质和水生生物多样性保护的渔业资源可持续利用战略奠定了基础。

第 6 章

丹江口水库增殖渔业发展策略

6.1 指导思想、基本原则

6.1.1 指导思想

丹江口水库生态清水渔业开发坚持以全面、协调、可持续的科学发展观为指导，充分考虑南水北调工程实施后水源地水质安全的战略需要，以保护水库生物多样性、生态安全和养护水质为前提，严格控制外来物种的引种移植，以自然繁殖保护为主，动态调控人工放流的鱼类种类与数量为辅，从而合理利用水库生物生产力，促进生态渔业发展。丹江口水库增殖渔业发展方案以市场需求为导向，以科技为动力，以养护水质为目标，以效益为中心，以增加投入为支撑，以库区群众脱贫致富和社会稳定为宗旨，以安全健康生产为目标。本方案以改革为动力，坚持发展生态渔业、高效渔业、品牌渔业三个理念，走“适度发展，环境优先，增殖与水产加工并举，开发与保护并行，生产与管理并重”的路子，合理利用渔业资源，保持库区增殖渔业有序发展，主动适应渔业发展新阶段的要求和国内乃至国际形势的变化，全面提高产业发展能力和竞争力，努力实现丹江口水库传统渔业向现代渔业、养殖渔业向增殖渔业、以水养鱼向以鱼养水的转变。

丹江口水库增殖渔业发展方案的基本原则：坚持渔业发展以保护水质为前提，坚持渔业发展与水库多种功能相协调，坚持“在保护中开发、在开发中保护”同步，寻求高技术含量、高水平管理、产业化经营、名优化发展的模式，创立知名绿色环保品牌，全面规划、合理布局、突出重点，公司化运作，分阶段实施，确保实现总体目标。

总体目标：根据丹江口水库水资源特点和南水北调的水质要求，在确保防洪、发电、供水、航运等重要功能、水库生态系统健康和水质养护的前提下，通过科技引进和技术培训增强科技含量，一是采取大水面人工放流和增殖食鱼性鱼类相结合的方式，充分发挥其调控生态系统、利用低值饵料资源、转化水体营养物及增加经济效益等方面的功能；二是土著滤食性鱼类与碎屑食性鱼类放流和增殖，使水体中的浮游植物、浮游动物和有机碎屑等得以直接转化；三是通过库外池塘培育方式集约化养殖放流用鱼种；四是取缔投饵式网箱养殖、库汊养殖等污染严重的养殖方式，避免渔业对水质造成不良影响；五是利用现代水产品加工增加产品附加值；六是通过水产品质量安全监测体系、资源与环境监测体系和渔政管理与执法体系等保障体系的建立，保证水产品质量安全，创立水产名牌。最终目标是使丹江口水库发展成为资源综合利用、配套合理、产销畅通、低产高效、环境与社会和谐发展的清水渔业基地。

具体目标：在大库增殖方面，通过天然资源的繁殖保护和人工补充性放流等手段科学调控，促进水库鱼类种群结构的优化、水质和水生生物多样性保护及其与渔业生产的协调发展。根据现有的技术储备和水产加工制品的市场需求趋势，结合本地区渔业资源特点，拟开发冷冻制品、淡水鱼糜制品和调味休闲制品等三个主要系列产品，同时从事淡水鱼类副产品的综合利用开发。未来十年，抓住丹江口库区丰富的旅游资源，积极探索“鱼文化”与人文景观文化的和谐、共生和互补。通过资源优化配置，调整产业结构，把旅游观光与现代渔业有机结合起来，实现一、二、三产业互动，从而创造出具有较高社会和经济效益的新型产业。充分利用土著鱼类资源，在传统养殖鱼类品种的基础上，重在合理利用丹江口水库特有鱼类种质资源的优势。在亲鱼收集蓄养中，保证鱼类遗传多样性和种质质量，源源不断提供各种鱼类苗种，确保库区渔业发展物质基础稳定的供给。清水渔业正常运行后，需建立库区周边鱼苗培育基地，实现年产鱼苗 2 亿尾，建立有利于保护生态环境及动物和自然界生态平衡，以及能为人类提供安全、无污染、无残留的水产品质量安全体系，建立监督、检测中心站，形成监测网络，完善渔政监督管理体系。

总体布局：发展丹江口水库生态清水渔业的总体思路是全面规划，分阶段实施。以增殖放流站为苗种生产基地满足库区苗种需求，依靠大库增殖养护水质并获得鱼产量，通过加工和休闲渔业延长产业链，创立知名品牌，形成支柱产业。

战略步骤：一是主动落实《关于南水北调中线一期工程环境影响复核报告书的批复》中有关水生生物多样性保护、生态补偿等方面的内容，切实抓好为水库增殖放流提供所需苗种基地的基础设施建设。二是确定大水面人工放流与增殖食鱼性鱼类、滤食性鱼类和碎屑食性鱼类的种类、数量。三是根据丹江口水库的地形、地貌、水文特征和主要经济鱼类的生活习性建立栖息地保护与防逃体系。四是根据水库的水生生物生产潜力和主要经济鱼类的生长实际，制定合理的渔业资源利用方式。五是发展现代水产品加工企业，延长产业链。六是建设水产品质量安全监测、资源与环境监测和渔政执法体系等保障体系。

6.1.2　基本原则

1. 坚持渔业发展以保护水质为前提

丹江口水库生态清水渔业发展规模和方式，必须以保护水质为前提。首先发展以天然食鱼性鱼类放流、增殖为主的水质养护型渔业，充分发挥食鱼性鱼类在调控生态系统、利用低值饵料鱼资源、转化水体营养物及增加经济效益等方面的功能；其次是土著滤食性鱼类和碎屑食性鱼类放流与增殖，直接利用水体中的浮游植物、浮游动物和有机碎屑，以达到净化调节水质的目的；最后根据水体环境容量严格控制放养规模，并通过控制放养品种、密度等措施避免对库区优良水质造成不良影响。

2. 坚持生态系统多重服务功能相协调

丹江口水库具有调水、防洪、灌溉、发电、航运、旅游、供水、渔业（增养殖）等多种功能。渔业只是其附属功能，必须明确渔业的定位。渔业发展不能以牺牲水库其他功能的有效发挥为代价。因此，发展丹江口水库生态清水渔业必须坚持以保证水库主要服务功能为前提，做到水库各项功能的相互发挥、相互协调。

3. 坚持渔业发展与环境保护同步

水生生物资源是可再生资源，合理利用可促进其再生，从而得以永续利用。但如果利用强度超过其再生能力，资源就会枯竭，甚至造成物种灭绝。同样，水体本身有一定的自净能力，可以在一定程度上分解、转化渔业生产及其他人类活动所带来的污染物，即所谓的环境容纳量，如果渔业发展规模和强度超过了环境支持能力，生态环境就会遭到损害。因此，必须坚持水产开发与动态监控同步，渔业发展与环境保护同步，在保护中开发、在开发中保护，使水库的资源得到持续利用。因此，对环境破坏严重的投饵式网箱养殖应得到清理拆除以确保环境的可持续发展。

4. 寻求规范化、规模化发展模式，创立知名有机品牌

我国渔业发展到今天，具有国际领先水平，拥有大量世界先进水平的成熟技术成果，积累了丰富的经验，生产经营水平也迅速提高，水产品养殖产量一直处于世界首位，水产品市场竞争日趋激烈，消费者对水产品的质量和安全方面的要求越来越严格。因此，丹江口水库生态清水渔业发展就必须面向全国乃至国际，寻求高技术含量、高水平管理、产业化经营、名优化发展的模式，创立知名有机品牌。

6.2 总体布局

6.2.1 库区布局

以湖北省丹江口市所辖的汉库和河南省淅川县所辖的丹库为主体，建立丹江口水库生态清水渔业示范区，设立增殖放流区、生态修复区和休闲渔业区等功能区，全面发展生态增殖型渔业模式，打造“丹江口水库有机鱼”品牌。

6.2.2 库周布局

建立湖北省丹江口市均县镇增殖放流站、河南省淅川县香花镇增殖放流站及

水产品加工、休闲渔业场所，与旅游结合，发展垂钓、休闲、娱乐渔业和涉渔文化产业；建设名优鱼类繁育中心和苗种放流中心，建设产学研结合研发中心，建立水产品加工营销物流中心。

6.3 主要策略

6.3.1 鱼类自然增殖策略

通过加强对现有鱼类自然保护区、种质资源保护区的管理，严格执行现行禁渔制度等措施，同时通过修复天然产卵场和幼鱼栖息地、建设人工产卵场、设置人工鱼礁、架设人工鱼巢等，为鱼类自然繁殖创造良好条件，提高鱼类通过自然增殖能力维持和发展种群的能力，利用鱼类群落的自然演替能力逐渐恢复丹江口水库鱼类群落结构和功能的完整性与稳定性。

6.3.2 人工增殖放流策略

人工增殖放流是快速调整水体鱼类群落结构、优化生态系统结构的手段。人工增殖放流要充分考虑水体不同饵料类群的渔产潜力，计算增养殖容量（刘家寿等，2020）。丹江口水库人工增殖放流要充分考虑库区地形、库周环境、水文情势、鱼类的活动规律及鱼种运输成本。鉴于丹江口水库两大敞水区位于均县镇附近和香花镇附近，宜在这两地设立增殖放流站，至少在其中一地设立增殖放流站。科学合理地开展人工增殖放流，从经济效益、生态效益和环境效益兼顾的角度确定适宜放流的品种、规格、数量、地点与时间，确保放流鱼种质量，并保持四大家鱼鱼种放流的连续实施和相对稳定，严格按照农业农村部和湖北省、河南省关于人工增殖放流的相关规定与清水渔业的相关标准执行，确保生态安全和质量安全。

鲢和鳙是丹江口水库清水渔业的主体，但这两种鱼在丹江口水库不能自然繁殖，需要每年大量放流。其放养规格、生长速度、捕捞规格和捕捞量的确定关系丹江口水库清水渔业的成败，也关系到苗种来源及繁殖场的建设规模。丹江口水库鱼类组成复杂，大型食鱼性鱼类多，放养大规格的鲢、鳙鱼种十分重要，需逐年评估库区渔产潜力状况，科学制订放流方案。同时，辅以鲌类等高营养级鱼类放养，提高鱼类群落结构复杂度，提升丹江口水库生态系统稳定性。

6.3.3 渔业管理策略

1. 坚守渔业可持续发展的理念与原则

正确处理渔业利用与环境保护、短期利益与长远利益的关系，实现湖泊渔业健康、持续和稳定发展的目标。丹江口水库未来渔业的发展需要坚守“保护水质、兼顾渔业、适度开发、持续利用”的基本理念，积极发展环保型生态净水渔业模式，正确处理渔业利用与环境保护、短期利益与长远利益的关系。在渔业管理理念上，将水库渔业的战略思维由传统的“以鱼为中心”转移到“以水为中心”的观念上来，实现水库渔业的经济效益、社会效益和生态效益多赢的目标。

2. 定期开展水环境、饵料生物和鱼类资源评估

增殖渔业需要动态科学评估渔业资源特征，有必要定期开展水体理化环境因子（水温、透明度、溶解氧、pH、营养盐、生态水文因子等）监测、饵料生物（浮游植物、浮游动物、底栖动物等）的物种多样性和资源量调查，以及鱼类的群落组成、种群生长率、种群年龄结构和动态等研究，定量评估和预测水体理化环境因子、饵料生物类群与鱼类群落之间的相关关系。在各类饵料生物资源现存量和生产量测算的基础上，评估藻食性鱼类（如鲢、鳙）、碎屑食性鱼类（鲴类）、食鱼性鱼类（鲌、鳜等）和肉食性鱼类（黄颡鱼等）的渔产潜力，以优化调整不同生态类群鱼类的放养量。

3. 生态增殖模式需不断调整与改进

增殖渔业实施过程中，需要根据生态系统结构和鱼类组成特征，及时调整鱼类放养和利用策略，适当减少浮游生物食性鱼类的放养量，重点增殖放养以鳜为主，包括翘嘴鲌、蒙古鲌和黄颡鱼在内的凶猛性或肉食性鱼类，以期利用水库中丰富的小型鱼类资源，达到优化鱼类群落结构的目的，在水生生物资源得到充分养护、生态环境得到修复之后，继续执行既定的生物资源养护和生态保护方案。

4. 科学规划，合理布局，积极发展休闲渔业

休闲渔业指满足现代人休闲放松需要的渔业方式。丹江口水库库边风景秀美，具有发展休闲渔业得天独厚的资源条件和人文环境。通过科学规划和合理布局，依托丹江口水库水资源条件，积极发展以旅游和游钓等为主的休闲渔业模式，加强相关设施的配套，营建优雅环境，逐步形成独具特色的休闲渔业基地。

第 7 章

效益与风险分析

大水面渔业是我国淡水渔业的重要组成部分，在建设水域生态文明、保障优质水产品供给、推动产业融合、促进渔民增收等方面发挥着重要作用。近年来，“水十条”等水环境治理和保护政策的实施，对资源与环境的约束日益加大，大水面渔业发展空间大幅萎缩。为了适应新形势，实现新发展，大水面渔业发展方式逐渐转型升级，特别是农业农村部等十部委《关于加快推进水产养殖业绿色发展的若干意见》，以及农业农村部等三部委《关于推进大水面生态渔业发展的指导意见》发布以来，发展大水面生态渔业成了新时期大水面渔业的优先发展方向。通过开展水库增养殖容量评估，有序开展增养殖业，促进水域生态、生产和生活协调发展，符合新时期大水面渔业转型发展的政策要求。

7.1 经济效益

本方案实施后，能够有力促进丹江口库区渔业产业结构调整，走渔、牧、农、工、商结合，综合开发、全面发展的路子，加速库区开发建设步伐，妥善解决移民遗留问题，支持库区人民开发创业，提高自身发展能力，增加库区群众收入，使移民逐步走向富裕。丹江口库区清水渔业的经济价值主要体现在两个方面，一是丹江口水库增殖渔业各项措施实施后，可实现年产水花 2 亿尾、年产值 2000 万元，满足丹江口水库增殖渔业发展所需的鱼种供应。二是通过结合天然生态清水渔业建设，打造渔业观光休闲旅游基地，带动湖北、河南两省丹江口管辖区观光休闲旅游业发展，库区及其周围景点吸引年游客量将以 8%～10%的速度增长。

7.2 社会效益

清水渔业的实施能改善湖区水体环境以及其景观效果，并推动水库周边其他经济产业链的发展。水体环境和景观效果的改善能够很好地改善周边居民的生活环境，提高周边居民的生活幸福感。相关旅游业的发展将有利于培养民众亲近自然的情怀，提高其对水环境的保护意识。同时环境的改善也能吸引更多的外来投资进入，带动其他产业的兴起和发展，如水产品的加工、销售、餐饮、服务以及渔业观光休闲旅游业等第三产业的开拓，原材料市场的发展可间接增加就业人员 2 万～3 万人次，具有较好的社会效益。

7.3 生态效益

从 20 世纪 90 年代中期至今，渔业发展更加注重可持续发展、资源与环境的保护。本方案的实施，合理地调整了渔业结构，通过生物操纵、生物过滤等多种手段充分利用水体资源，并保护水体环境，减缓水体富营养化进程。本方案的实施，对促进丹江口水库水生生物资源的可持续利用、维持丹江口库区的生态平衡等具有重大意义。

7.3.1　群落结构得到优化

丹江口库区全面推广以自然增殖和土著种类资源恢复为主的环境友好型增殖渔业模式，重建生态系统，各种水生生物的群落结构可得到调整和优化。根据生态学原理，对库区鱼类群落结构进行调整和优化，完善食物网各营养级结构，突出关键鱼类物种放养，适当搭配食物网中不同生态类型鱼类种类，实现优势互补、质量改善、充分利用水资源和饵料生物资源，达到水环境优化和鱼类群落结构调整的目的，将渔业的战略重点由过去的捕捞渔业转移到增殖渔业上来，使渔业资源管理利用与水环境保护兼顾，实现渔业与环境协调发展的目标。

7.3.2　水域环境得到改善

鱼类是水库生态系统的重要组成部分，对水生生物群落、食物链以及营养物质在水体中的存在形式产生影响。鱼类在水生生态系统中属于消费者，产生影响的主要因素有三个方面：捕食作用、营养盐的排泄作用、对沉积物的扰动作用，通过这些作用的综合效果，进而对水体中氮、磷等营养物质的含量、悬浮物质含量产生不同的影响效果。鱼类群落结构的改变往往是影响食物网动态的主要决定因素之一，鱼类群落的改变又通过下行效应作用于环境，影响水体的理化特征。通过放养鲢、鳙等滤食性鱼类能对浮游生物群落结构起到调控作用，可直接移除水体中的氮、磷。通过放养凶猛的食鱼性鱼类，可以控制饵料鱼的生物量，使得浮游动物生物量增加，从而控制浮游植物。通过放养鲴类等碎屑食性鱼类，能够有效利用有机碎屑资源，有利于丹江口水库水质改善。通过增殖渔业综合改善和稳定库区的自然环境状况。

7.3.3　水生生物多样性得到恢复

通过对水库进行生态修复和水生生物资源养护，全面恢复浮游生物、底栖动物和鱼类群落，增加生物群落多样性，完善和优化水库生态系统结构与功能，促进水库内源营养物质转化利用，提高水库自我净化、自我平衡能力。对于浮游生物，尤其是浮游动物来说，通过对小型鱼类的控制，可以增加浮游动物生存空间和资源，从而使浮游生物多样性增加。对于底栖动物，尤其是大型软体动物来说，通过调整鱼类群落结构和增殖软体动物，可以使其生物量和生物多样性显著改善，软体动物对于水质净化和藻类控制有显著的作用。对于鱼类来说，通过采取综合的放流增殖，尤其是土著鱼类的放养，可以直接增加水库鱼类群落多样性，除此之外凶猛性鱼类的放养可以抑制鳌、似鳊的种群数量，抑制这些鱼类数量可以为其他鱼类的增殖提供食物和生存空间，有利于鱼类生物多样性的进一步改善。

7.4 风险分析

7.4.1 市场风险

市场风险是指由市场变动对渔业资源利用造成损失的可能性。丹江口水库实施清水渔业及其附加产业的市场风险主要源自以下方面，随着国内经济社会的发展，全国各地更加重视水域生态环境保护和附加产业开发，休闲渔业等产业竞争逐年增强，如何突出特点、提高知名度是关键。丹江口水库的优势在于不但有优越的自然生态条件，而且具有优质的水产品，着眼于优质鱼类品种和优质产品（有机鱼）的开发，同时大力发展水产品深加工产业，主导产品在国内外市场将具有很强的竞争力；本方案还着力完善市场建设，建立市场信息体系和营销网络，力求使市场风险降到最低。

7.4.2 技术风险

技术风险是指由于技术本身的缺陷或生产者技术不熟练对增殖渔业产业造成损失的可能性。针对渔业的技术风险，本方案集成组装了国内外成熟的先进技术和成果，建立了完善的技术服务和推广体系。同时，丹江口水库水产业经过长期的发展，已经奠定了一定的技术基础，积累了丰富的经验，拥有一批技术过硬、经验丰富的养殖专业户和技术能手，通过必要的培训教育，能够接受增殖渔业模式及其涉及的技术手段，库区周边县（市、区）具有渔业技术服务、推广机构，具备了一定的抵抗技术风险的能力。此外，丹江口水库与中国科学院水生生物研究所、华中农业大学等建立了紧密联系，可以此为科技依托，能及时解决渔业发展中出现的技术问题。

7.4.3 管理风险

管理风险是指由于管理者或生产者计划、组织和控制不当或失误对增殖渔业发展造成损失的可能性。这方面的风险主要源自管理者观念的转变与产业发展需求之间的差距。以前大水面渔业以集约化养殖业和捕捞业为主，以产出最高数量的水产品、获得较高的经济效益为主要目的，管理主要体现在养殖和捕捞技术方面。随着增殖渔业的实施，管理的目的转变成水生态环境保护和水生生物资源多样性保护，对管理者提出了较高的要求，通过增殖渔业的不断推广，其蕴含的生态效益得到逐步显现，这方面的管理风险会得到有效控制。

7.4.4　自然风险

自然风险是指由于自然界环境因子的某些异常变化而对渔业资源造成损失的可能性。洪水、干旱、台风、暴雨、冰雹、病害和污染等，都是自然界频繁发生的自然灾害，常常给渔业资源带来损失。

丹江口水库流域自古以来就是一个洪涝灾害多发区域。近年来，鉴于丹江口水库在南水北调工程中的重要性，库区洪涝灾害受到了较多关注，并从技术和工程角度对库区防洪提出了多种措施。丹江口水库流域洪涝灾害与长江水患密切相关，其成灾机理包括地貌背景独特、暴雨集中、地理位置特殊以及人类活动的影响。本方案在预防洪涝灾害方面做了充分的考虑，提高管理效率以减轻人类活动造成的不利影响，加强各种防洪措施以期将自然风险降至最低。

第 8 章

环境影响分析与评价

伴随南水北调工程的实施，丹江口水库成为中线工程最重要的调节水库，其功能随之发生重大变化，由原来以蓄洪为主，转变为以蓄水调水为主，该工程的实施对丹江口水库水质提出了更高的要求。

8.1 取缔投饵式网箱养殖对库区水质的影响

集约化投饵式网箱养殖投资大、产量高、效益好，因而激发了库区水产养殖者的投资热情。丹江口库区近年来逐步取缔了投饵式网箱养殖，这虽然短期会直接损害库区网箱养殖者的经济利益，但可显著减少库区的氮、磷污染总量，有助于库区水质的改善。同时，在依靠天然饵料发展生态渔业的同时能保护生态环境，也可弥补网箱养殖业退出的损失。

因此，取缔投饵式网箱养殖将显著减少丹江口库区的营养物质输入，有利于库区水质的保护和保持。

8.2 丹江口水库生态渔业对库区鱼类资源和水生生物多样性的影响

南水北调中线工程实施后，丹江口水库淹没区扩大、水文情势改变和环境结构变化，对水体生态系统产生了一定影响。一是丹江口水库调水后，一定程度上改变了部分土著鱼类的生长环境，有些种类无法在库区完成生活史，种群数量可能降低，库区单位水体鱼类资源蕴藏量大大下降。二是调水后库区生态系统的平衡会打破，其结构和功能将发生相应的改变。

人工增殖放流可以大幅度地快速增加库区鱼类资源量，达到快速补充该水域的鱼类资源的效果，在此基础上还可以在捕捞总量低于资源增长量的前提下适度发展捕捞渔业。另外，重点实施食鱼性鱼类定向放流和增殖。食鱼性鱼类通过食物链的下行效应，可以直接将库区经济价值较低的小型鱼类转化为经济价值较高的食鱼性鱼类产品，提高经济效益。更为重要的是其生态效益，小型鱼类多以浮游动物为食，小型鱼类减产的同时增加了水体浮游动物的产量，水体中浮游植物和部分悬浮物被摄食的量增加，水体透明度增加，水体的水质将得到改善。

8.3 丹江口水库生态渔业对环境影响的总体评价

丹江口水库生态渔业的实施以剔除投饵式网箱养殖为前提，以食物网调控为手段，均衡利用水库各类天然饵料生物和有机碎屑，使水库系统内的营养物质转化为优质渔产品，在输出水库内营养负荷的同时，通过优质的有机水产品取得经济效益。因此，丹江口水库生态渔业的实施将改善水库的水质状况、提高水库的生物多样性、加快水体中的营养物质通过食物网转化为渔产品进而提高丹江口水库生态系统服务功能。

第 9 章

保障措施

水生态系统的生产者（绿色植物、光合藻类等）利用阳光，能将二氧化碳、水和无机盐合成为有机物；一级消费者则是草食性鱼类、食浮游植物鱼类和浮游动物；食物链后续的二级消费者则是杂食性、动物食性鱼类和其他无脊椎动物（如甲壳动物）；三级消费者则主要是肉食性凶猛性鱼类。死亡的各层级食物链生物均由还原细菌分解为营养盐类，重新进入水体营养物质的再循环。在此过程中，鱼类可作为一、二、三级消费者，参与水体生态系统的生产者与消费者结构、食物链结构的维护和物质循环，并在此过程中参与将有机物转化为水产品。因此，以某种方式捕捞获取特定的水产品，实质上可以实现对水生态系统的调节，也是对人类生产、生活输入营养的主动移出过程。

中国传统养鱼的特色是在同一水体中进行多种鱼类混养，既投喂一定量的人工饲料，又充分利用水体本身的饵料资源，同时又把水生生态系统与陆生生态系统相衔接，起到互补互利的作用，是以水体为依托、以养鱼为核心来组织生态经济系统自我稳定地循环。在传统的中国农村中，人们使天然水体不仅发挥出饮用、洗涮、灌溉的功能，也使其成为净化生活污水并产生渔业经济效益的场地。

在数千年来的传统养鱼实践中，逐渐形成了中国特色的青草（即青鱼、草鱼）鲢鳙鲤鲫等的搭配混养模式，投入青草喂养的草鱼和捕食水体中蚌类、螺类的青鱼所产生的粪便肥水，将与农家肥料的添加一起，起着提供营养物质的作用，促进浮游生物繁殖，以作为“滤食性”鲢、鳙的食料。通过增殖渔业的起捕，将使岸上青草、水体营养物质、农家生活所伴生的农家肥料物质等转化而成的鱼类生物质移出水体，维护水体生态、水质稳定，并获得一定的经济效益。

倪达书和蒋燮治（1954）已通过镜检与培养相结合，观察鲢、鳙的肠道内含物，分析得出了鲢、鳙分别以浮游植物和浮游动物为食。其后，陈少莲（1982）、陈少莲等（1990，1991）进一步利用武汉东湖中放养的鲢、鳙的食性及其在湖泊生态系统氮循环、磷循环中的作用，表明通过鲢、鳙的摄食过程，可以提高水体食物链对水体中生产者的利用效率，同时可以通过捕捞活动，移出鱼体中贮存的来自生态系统的大量氮、磷，从而为调控水体水质做出贡献。随后，刘建康和谢平（1999）则通过明确的实验生态学手段，利用在东湖中的围隔鲢鳙放养试验，明晰了合适密度的放养鲢鳙方式可以控制水体中蓝藻水华的发生，遏止水体富营养化的趋势。这一有别于前人关于以浮游动物控制浮游植物形成藻华的经典生物操纵模式，被总结为控制蓝藻水华的一种非经典生物操纵模式。养殖鱼类在水体生态系统物质流动中的基本作用及功能见图 9-1。

水体生态系统中由无机营养物质向生态结构顶端的猎食者方向形成的生物量呈现金字塔形，即最大的生物量出现在由无机营养物质形成有机物质的初级生产者层级，而作为其最直接的消费者——鲢、鳙作为四大家鱼中以浮游生物、碎屑为食的初级消费者，其调控能力最为可控直接，由此形成的通过科学放养、捕捞

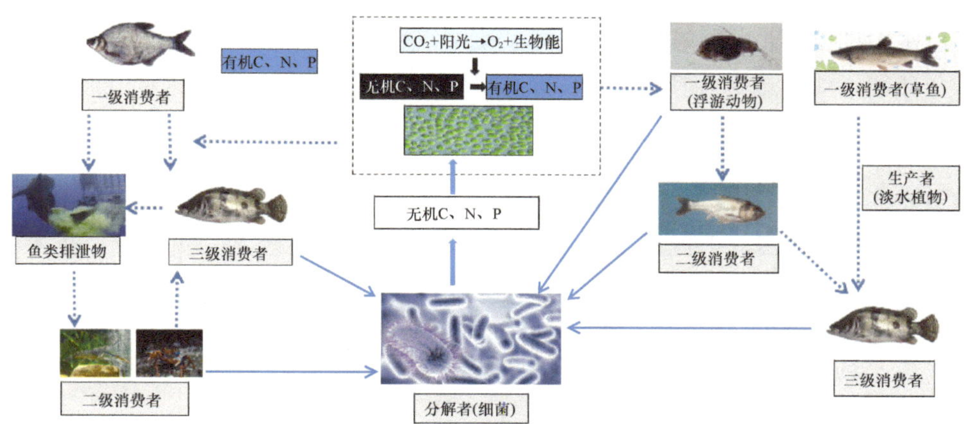

图 9-1 养殖鱼类在水体生态系统物质流动中的基本作用及功能

鲢鳙为主的非经典生物操纵模式，随后在我国的多个水库中加以应用，其中尤以通过集中式科学管理的浙江省新安江水库（后称为千岛湖）的应用最为成功，通过自 2000 年开始的鲢鳙的投放，以及合理的封库、禁渔、功能区域规划等管理措施的实施，1998～1999 年连续发生水华的千岛湖的水华现象已得到遏止，“保水渔业”经营方式自实施以来，千岛湖水质也得到了显著改善，现已长期保持为Ⅰ～Ⅱ类的优质水体。

我国传统生态渔业理念、鱼类食性研究的进展和生态结构调控模式的持续进步，以及由此带来的成功经验，是丹江口水库生态渔业得以实施和发展、科学方案制定和政策保障的基础。

9.1 思想保障

9.1.1 建立以鱼养水的科学生态理念

自觉应用生态学理论发挥渔业优势，解决水库水污染、水域生态问题，建立实现鱼水共生和资源可持续利用的理念。

较长时间以来，我国水库渔业普遍以追求经济利益为主，造成了对水体生产力的过度利用，如化肥养鱼、过大规模的投饵式网箱养鱼，直接导致了水体中氮、磷等物质水平升高，为提升养殖产量而导致水体富营养化、水生态系统向藻型湖泊发展，进而导致水环境质量、水体自净能力下降，最终导致了整体水域生态系统的严重失衡。抑或是追求水体渔获量，而过量捕捞野生鱼类，导致天然鱼类资源量下降，从而破坏原有水域生态系统的平衡。

丹江口水库是我国重要的水源地，维护其水质安全和其生态系统的稳定，无疑是维护其生态、社会功能的重中之重。面对过去水库渔业的无序发展，甚至丹江口水库过去渔业发展的教训，在许多领导和专家眼中又出现了许多矫枉过正的错误观念，过度强调了渔业发展对水质的负面影响，认为水库的渔业功能应被完全取缔禁止。

因此，未来需要科学地塑造生态养殖、保水养殖的新型生态渔业发展的观念。需要充分了解鱼类养殖和捕捞是水库水体中氮、磷等营养物质的有效输出方式，其产业科学的发展，不仅将通过地表径流携带的有机物加以利用并输出，也可以通过食物链的牧食途径，调控水体生态系统中的浮游生物等初级生产者，调节水体生态系统，科学的设计和养殖、捕捞设计，是保障水生态系统中水库水体生态安全维护的一种重要的手段，也是治理重要环境面源污染的有效方式。

9.1.2 确定生态维护全局价值观

丹江口水库水域面积大，跨湖北、河南两省的 7 县（市）等多级行政区域。丹江口水利枢纽也涉及饮用水调度、防洪泄洪、农业灌溉、水力发电、船舶航运、附近城市供水甚至旅游开发等产业功能，其水利调度管理、水面权属、经营权限管理层级复杂。各区划、职能部门基于自身权限，或本位利益，难以实现对整个库区生态渔业发展的统筹管理。因此，树立维护丹江口水库生态的整体观，克服局部和本位主义思想，建立自觉服从、服务于丹江口水库的整体生态安全价值理念，是后续所有机制、政策、科学规划的基础保障。

9.2 政策保障

丹江口水库生态渔业发展需要相应的政策保障，需对水库区域内涉及各行政区划、各水库功能运行的管理职能等公共管理体制进行深化改革、创新，转变经营管理方式，制定和落实生态补偿机制和优惠政策，坚持生态渔业可持续发展。高度重视建设实施方案的制定和修订工作，拟定实施措施。实施过程中严格按建设方案，认真组织实施，确保建设实施方案按既定要求如期完成。

9.3 组织保障

充分认识到丹江口水库生态渔业的战略地位和对水库生态循环、经济发展、农民致富等方面的巨大作用，进一步提高全社会重视渔业水域和鱼类种质资源保护意识，切实加强对项目建设的领导。

要适度合理地构建库区水体管理的综合管理机构，加强对库区生态渔业发展的统一协调和组织管理，将调水发电、水面经营、水务、渔业运营、渔政管理、库区船舶营运管理、周边湿地林地管理、餐饮旅游发展管理等统一加以规划管理，制定工作机制，层层落实责任，并将其纳入各级工作目标考核内容。加强政府各部门的相互支持与配合，形成齐抓共管局面，共同推进库区生态渔业建设步伐。

9.4 资金保障

以产业集团作为投入主体，为库区生态渔业发展提供充足的资金保障。

争取国家生态补偿资金对库区生态渔业建设有关项目的投入力度。一方面重点支持原良种场基础设施建设、良种引进与选育、亲本培育与储备、科技成果转化与技术推广应用、库区增殖放流等公益性、基础性设施和事业，充分发挥国家无偿资金在池塘生态渔业、休闲渔业等方面的引导作用。另一方面保证国家补偿资金投入的实效性，避免重复、浪费和随意性投入。此外，南水北调等工程的实施，建立水资源有偿使用的制度，不但有利于库区水资源保护与利用，而且可以为库区的发展积累资金，拓宽库区生态渔业建设和发展的资金来源。

9.5 科技保障

建立互利互惠的产学研结合机制是保障丹江口水库有机渔业可持续发展的科技保障。根据库区科技基础比较薄弱的状况和今后发展渔业的需要，在大力推广成熟的实用生产技术的基础上，应重视渔业科技人才培养与引进，加强与相关科技机构和部门的合作，引用先进科研成果；抓住历史机遇，加大科研资金投入，促使先进科技成果的转化；加快渔业体制创新，推进渔业技术升级，加强水产技术推广体系建设，积极探索建立符合市场经济体制要求的技术推广体系，发展多元化基层水产技术推广体系。发展壮大当地渔业科研、推广机构，不断提升水产技术推广机构和科技人员等渔业从业人员的自身建设，逐步调整技术人员的专业结构，优化技术人员的知识结构。强化各级水产技术推广部门的公益性职能，增强服务能力，使其履行好渔业病害的测报、防治等职能。发挥技术人员的主动性和创造性，努力提高服务能力和服务水平，深入基层，加强基层技术培训服务体系建设，与生产实际相结合，使先进实用技术更好地运用到水库管理当中，促进库区生态渔业发展。

参考文献

包洪福. 2013. 南水北调中线工程对丹江口库区生物多样性的影响分析. 东北林业大学博士学位论文.

波鲁茨基 E B, 伍献文, 白国栋, 等. 1959. 丹江口水库库区水生生物调查和渔业利用的意见. 水生生物学集刊, (1): 33-56.

常秀岭, 刘家寿, 胡传林, 等. 2010. 湖北浮桥河水库悬浮物的季节变化. 湖泊科学, (2): 152-158.

陈光荣, 李传红. 2008. 惠州西湖浮游动物及其与水质的关系. 湖泊科学, 20(3): 351-356.

陈光远, 熊志邦. 1994. 丹江口水库(丹江口市部分)网箱养滤食性鱼类水域资源与鱼产力. 水利渔业, (6): 50-51.

陈少莲. 1982. 东湖放养鲢、鳙鱼种的食性分析. 水库渔业, 3: 21-26.

陈少莲, 刘肖芳, 胡传林, 等. 1990. 论鲢、鳙对微囊藻的消化利用. 水生生物学报, 14: 49-59.

陈少莲, 刘肖芳, 华俐. 1991. 鲢、鳙在东湖生态系统的氮、磷循环中的作用. 水生生物学报, 15: 8-26.

戴泽贵, 余志堂, 邹进泰. 1994. 丹江口水库库区移民社会经济状况和渔业发展对策研究. 水利渔业, (3): 28-31.

凡盼盼. 2015. 丹江口水库浮游生物群落结构与水质评价. 南阳师范学院硕士学位论文.

付建军, 王梦凉, 王保红, 等. 2015. 丹江口大坝加高施工和枢纽运行管理. 人民长江, 6(3): 14-16.

韩德举, 彭建华, 简东, 等. 1997. 丹江口水库的饵料生物资源及水体营养状态评价. 湖泊科学, 9(1): 57-62.

胡兰群, 冯精兰, 李怡帆, 等. 2014. 南水北调中线工程水源地丹江口水库生物监测试点研究. 河南师范大学学报(自然科学版), 42(3): 100-104.

华中师范大学, 湖北省野生动植物保护总站. 2003. 湖北丹江口湿地省级自然保护区科学考察报告.

贾海燕, 徐建锋, 雷俊山. 2019. 丹江口库湾浮游植物群落与环境因子关系研究. 人民长江, 50(5): 52-58.

孔令惠, 蔡庆华, 徐耀阳, 等. 2010. 丹江口水库浮游轮虫群落季节变动特征及其与环境因子的关系. 湖泊科学, 22(6): 941-949.

李亚楠, 臧斯颖, 侯文华, 等. 2014. 主要外来鱼类对千岛湖生态系统的潜在影响及对策. 生物学通报, 49: 3-5.

李玉英, 高宛莉, 李家峰, 等. 2007a. 南水北调中线水源区富营养化研究. 中国农业大学学报, 12: 41-47.

李玉英, 高宛莉, 李家峰, 等. 2008. 南水北调中线水源区浮游植物时空分布及其营养状态. 生态学杂志, 1: 14-22.

李玉英, 梁子安, 胡兰群, 等. 2007b. 南水北调中线水源区生态监测初探. 水利渔业, 27(1):

65-67.

李运贤, 张乃群, 李玉英, 等. 2005. 南水北调中线水源区浮游植物. 湖泊科学, 17(3): 219-225.

林长松, 李玉英, 梁子安, 等. 2007. 南水北调中线水源区浮游生物群落调查分析. 水利渔业, 27(6): 65-67.

刘德中. 2017. 保水质 护运行 淅川县加快取缔丹江口库区网箱养鱼步伐. 河南水产, (2): 42-46.

刘建康, 谢平. 1999. 揭开武汉东湖蓝藻水华消失之谜. 长江流域资源与环境, 8: 312-319.

刘坤坤, 李春晖, 庞爱萍, 等. 2011. 丹江口水质变化及影响因素分析. 长江流域资源与环境, 20(4): 459-467.

陆开宏. 1990. 四明湖水库浮游生物及其渔业利用的初步研究. 浙江海洋学院学报, 9(1): 17-26.

伦峰, 李峥, 周本翔, 等. 2016. 丹江口水库(河南辖区)鱼类资源调查. 河南农业科学, 45: 150-155.

闵志华. 2017. 丹江口水库总氮变化趋势分析及防治对策研究. 水力发电, 43(11): 5-9.

倪达书, 蒋燮治. 1954. 花鲢和白鲢的食料问题. 动物学报, 6: 59-71.

庞振凌, 常红军, 李玉英, 等. 2008. 层次分析法对南水北调中线水源区的水质评价. 生态学报, (4): 1810-1819.

彭建华. 1995. 丹江口水库的浮游甲壳动物. 湖泊科学, 7(3): 240-248.

强艳芳. 2018. 丹江口库区产业结构对环境的影响研究. 西北农林科技大学硕士学位论文.

申恒伦, 徐耀阳, 王岚, 等. 2011. 丹江口水库浮游植物时空动态及影响因素. 植物科学学报, 29(6): 683-690.

施建伟, 尹延震, 王苗, 等. 2018. 南水北调中线工程调水前后丹江库区水质分析. 湖南科技大学学报(自然科学版), 33(2): 103-109.

宋长河, 谈华炜. 1993. 浅谈丹江口水库渔业利用现状及发展意见. 水利渔业, (6): 28-31.

谭香, 夏小玲, 程晓莉, 等. 2011. 丹江口水库浮游植物群落时空动态及其多样性指数. 环境科学, 32(10): 2875-2882.

万育生, 张乐群, 付昕, 等. 2020. 丹江口水库营养程度分析评价及富营养化防治研究. 北京师范大学学报(自然科学版), 56(2): 275-281.

汪兴中, 蔡庆华, 李凤清, 等. 2009. 南水北调中线水源区溪流大型底栖动物群落结构的时空动态. 应用与环境生物学报, 15(6): 803-807.

王晨溪, 朱静亚, 牛其恺, 等. 2016. 丹江口水库和干渠南阳段微型生物群落的周期性变化. 安徽师范大学学报(自然科学版), 39(2): 150-156.

王俊健. 2015. 丹江口水库浮游甲壳动物、浮游植物、大型底栖动物生物群落结构及与环境因子的相关性研究. 中国海洋大学硕士学位论文.

王英华, 陈雷, 牛远, 等. 2016. 丹江口水库浮游植物时空变化特征. 湖泊科学, 28(5): 1057-1065.

邬红娟, 彭建华, 韩德举, 等. 1996. 丹江口水库浮游植物及其演变. 湖泊科学, 8(1): 43-50.

夏凡, 胡圣, 龚治娟, 等. 2017. 不同水质评价方法的应用比较研究——以丹江口水库入库河流为例. 人民长江, 48(17): 11-15.

夏玲玉. 2017. 丹江口水库库湾水体氮磷对景观背景的响应. 华中农业大学硕士学位论文.

徐田祥, 蔡茂胜, 项为民. 2000. 千岛湖渔业资源下降原因及对策. 水利渔业, (20): 35-36.

徐振, 齐彩霞. 1987. 丹江口水库网拦库汊配合网箱养殖技术研究. 水利渔业, (2): 11-19.

徐振, 王家荣, 方廷光. 1988. 库汊拦网网箱养鱼组合养殖技术研究. 水利渔业, (5): 2-5.

颜志文, 李洪元. 1991. 丹江口水库网箱养鲢、鳙高产经验. 水利渔业, (5): 32-35.

杨广, 杨干荣, 刘金兰. 1996. 丹江口水库浮游生物资源调查. 湖北农学院学报, 16(1): 38-42.

杨战伟. 2012. 三座水库太湖新银鱼生长和繁殖适应性的比较研究. 中国科学院研究生院硕士学位论文.

杨战伟, 李钟杰, 刘家寿, 等. 2012. 丹江口水库太湖新银鱼不同繁殖群体的繁殖特征比较. 淡水渔业, 42(5): 58-62.

姚洪正, 洪荣华. 1997. 千岛湖渔业产业化经营对策. 水产科技情报, 24: 265-267.

阴星望. 2019. 丹江口水库微生物群落特征及其与水质的关系研究. 南阳师范学院硕士学位论文.

殷大聪. 2010. 汉江干流和丹江口库区浮游植物时空动态及汉江春季水华研究. 中国科学院研究生院博士学位论文.

殷明, 施敏芳, 刘成付. 2007. 丹江口水库水质总氮超标成因初步分析及控制对策. 环境科学与技术, 30(7): 35-36.

尹魁浩, 袁弘任, 徐葆华, 等. 2001. 丹江口水库水质要素变化特征及其相互关系. 长江流域资源与环境, (1): 75-81.

于孝东, 王力. 2013. 生态学视野下的水库渔业可持续发展困境及路径选择——千岛湖保水渔业例证. 生态经济, 3: 143-147.

袁凤霞, 黄道明. 1989. 丹江口水库鱼类资源及组成分析. 水利渔业, (2): 35-36.

张敏, 邵美玲, 蔡庆华, 等. 2010. 丹江口水库大型底栖动物群落结构及其水质生物学评价. 湖泊科学, 22(2): 281-290.

张乃群, 李运贤, 李玉英, 等. 2006. 南水北调中线水源区水质生态监测(2005 年). 湖泊科学, (5): 535-539.

张乾柱, 邓浩俊, 卢阳, 等. 2020. 丹江口水库水化学特征现状分析. 长江科学院院报, 37(9): 24-30, 49.

张煦, 熊晶, 程继雄, 等. 2016. 丹江口水库湖北库区水质分区及长期变化趋势. 中国环境监测, 32(1): 64-69.

赵丽英, 张乃群, 杜瑞卿. 2009. 丹江口水库环境因子对浮游植物生长影响的综合相关系数分析. 河南师范大学学报(自然科学版), 37(4): 128-132.

中华人民共和国农业农村部. SC/T 1149–2020. 大水面增养殖容量计算方法. 北京: 中国农业出版社.

周爱国. 2007. 东江湖大水面灯光诱捕银鱼技术. 渔业致富指南, 23: 25-26.

周永东, 徐汉祥, 刘子藩. 2009. 浙江沿岸张网中主要经济幼鱼发生量与当年渔汛渔获量的关系. 海洋学研究, 27: 54-60.

Amarasinghe U S, Ajith Kumara P A D, De Silva S S. 2016. A rationale for introducing a subsidiary fishery in tropical lakes and reservoirs to augment inland fish production: case study from Sri Lanka. Food Security, 8: 769-781.

Cheng F, Li W, Castello L, et al. 2015. Potential effects of dam cascade on fish: lessons from the Yangtze River. Reviews in Fish Biology and Fisheries, 25: 569-585.

Duan Y, Wilmsen B. 2012. Addressing the resettlement challenges at the Three Gorges Dam Project. International Journal of Environmental Studies, 69: 461-474.

Guo L, Li Z. 2003. Effects of nitrogen and phosphorus from fish cage-culture on the communities of a shallow lake in middle Yangtze River basin of China. Aquaculture, 226: 201-212.

Han B, Liu Z. 2011. Tropical and sub-tropical reservoir limnology in China. Part II Environment. *In*: Zheng J, Han D. River Basin Environments and Ecological Succession in Danjiangkou Reservoir. Dordrecht: Springer: 230-233.

Hu Z J, Wu H, Liu Q G. 2012. The ecology of zoobenthos in reservoirs of China: a mini-review. *In*: Han B P, Liu Z. Tropical and Sub-Tropical Reservoir Limnology in China. Dordrecht: Springer: 155-165.

Li Y, Zhang Z, Yin W, et al. 2012. Zooplankton diversity in the water resource area of the Mid-line Project of South to North water division. Advanced Materials Research, 356-360: 199-203.

Lima A C, Agostinho C S, Sayanda D, et al. 2016. The rise and fall of fish diversity in a Neotropical river after impoundment. Hydrobiologia, 763: 207-221.

MacLennan D N. 1992. Fishing gear selectivity: an overview. Fisheries Research, 13: 201-204.

Martínez A, Larrañaga A, Basaguren A, et al. 2013. Stream regulation by small dams affects benthic macroinvertebrate communities: from structural changes to functional implications. Hydrobiologia, 711: 31-42.

Mu H X, Li M Z, Liu H Z, et al. 2014. Analysis of fish eggs and larvae flowing into the Three Gorges Reservoir on the Yangtze River, China. Fisheries Science, 80: 505-515.

Nguyen H P, Larsen R B. 2013. Effect of codend mesh size increases on the size selectivity of commercial species in a small mesh bottom trawl fishery. Journal of Applied Ichthyology, 29: 762-768.

Pelicice F M, Pompeu P S, Agostinho A A. 2015. Large reservoirs as ecological barriers to downstream movements of Neotropical migratory fish. Fish and Fisheries, 16: 697-715.

Perera H A C C, Rypel A L, Murphy B R, et al. 2013. Population characteristics of yellow catfish (*Peltobagrus fluvidraco*) along the longitudinal profile of Three Gorges Reservoir, China.

Journal of Applied Ichthyology, 29: 1061-1066.

Poff N L, Hart D D. 2002. How dams vary and why it matters for the emerging science of dam removal. Bioscience, 52: 659-668.

Quagrainie K K, Engle C R. 2002. Analysis of catfish pricing and market dynamics: The role of imported catfish. Journal of the World Aquaculture Society, 33: 389-397.

Sala A, Lucchetti A, Piccinetti C, et al. 2008. Size selection by diamond- and square-mesh codends in multi-species Mediterranean demersal trawl fisheries. Fisheries Research, 93: 8-21.

Salnaso N, Morabito G, Mosello R, et al. 2003. A synoptic study of phytoplankton in the deep lakes south of the Alps (lakes Garda Iseoo, Como, Lugano and Maggiore). Journal of Limnology, 62(2): 207-227.

Sá-Oliveira J C, Hawes J E, Isaac-Nahum V J, et al. 2015. Upstream and downstream responses of fish assemblages to an eastern Amazonian hydroelectric dam. Freshwater Biology, 60: 2037-2050.

WCD(World Commission on Dams). 2000. Dams and Development—A New Framework for Decision-Making. London: Earthscan Publications Ltd.

Wilmsen B. 2016. After the deluge: a longitudinal study of resettlement at the Three Gorges Dam, China. World Development, 84: 41-54.

Yin D, Zheng L, Song L. 2011. Spatio-temporal distribution of phytoplankton in the Danjiangkou Reservoir, a water source area for the South to-North Water Diversion Project (Middle Route), China. Chinese Journal of Oceanology and Limnology, 29(3): 531-540.

Yuan J, Xia Y G, Li Z J, et al. 2016. Changes in fisheries resources in the Hanjiang River and Danjiangkou Reservoir, China. American Fisheries Society Symposium, 84: 179-191.

Zheng J X, Han D J. 2012. River basin environments and ecological succession in Danjiangkou Reservoir. *In*: Han B P, Liu Z. Tropical and Sub-Tropical Reservoir Limnology in China. Dordrecht: Springer: 211-241.